ちくま新書

サプリメントの不都合な真実

畝山智香子
Uneyama Chikako

1837

サプリメントの不都合な真実【目次】

はじめに

最近小さい文字が読みにくくなった、健康診断の検査値に要観察の注意がついた、人の名前がすぐに思い出せない、昔ほど元気はつらつとしていないような気がする——人は誰でも歳を重ねるとそういうことが増えます。病院に行くほど困っているわけではないものの、認知症や重い病気の前触れだったら困るなぁと、なんとなく不安に感じるのは誰でも同じことです。

また、とくに自覚症状があるわけではないものの、野菜を食べる量が足りないとか、食生活が理想的なものではないのではと感じて、何かサプリメントのようなものを足したほうがいいのではないかと不安になる人もいると思います。

一方で、テレビやネットを見たり、ドラッグストアやコンビニで買い物をしたり、雑誌や新聞、あるいは郵便受けに入っているチラシに目をやると、そこにはサプリメントや健康食品の宣伝が溢れています。

なんとなくの不安が少しでも和らぐなら、とサプリメントを使っている人もいるでしょう。子どもの最適な成長のためにとか、いくら食べても太らないといった魅力的な宣伝文句に惹かれることもあるかもしれません。

ところで、そのサプリメントとはどういうものなのか、あなたは知っていますか。病院でもらうお薬との違いはわかるかもしれません。では薬局で買える第三類医薬品のビタミン剤とは、値段以外に何が違うのでしょうか。さらに、健康食品の中には特定保健用食品（トクホ）や機能性表示食品と書いてあるものがありますが、それは何を意味するのでしょうか。

実は多くの人が、健康食品に関する制度をあまりよく知らないということが報告されています。機能性表示食品については、消費者自身が消費者庁のホームページに掲載されているデータベースを使ってその食品についての情報を検索し、買うかどうか判断することになっていますが、そんなことをしている人はどのくらいいるでしょうか。

2024年、紅麹を含むサプリメントを使用したたくさんの人が、腎機能障害などの健康被害に遭うという大きな事件がありました。この事件をきっかけに、機能性表示食品の制度が少しずつ変わりつつあります。ですが、健康食品そのものの問題については手付かずのままです。

本書では、サプリメントを中心とした「いわゆる健康食品」について、消費者が知っておいた方がいい基本的なことを解説していきます。私たちは日頃、たくさんの健康食品の広告に接しているのに、ほとんど伝えられていないことがたくさんあるのです。とくに諸外国での健康食品の安全性対策をみてみると、日本の食品が海外よりも安全だなどと安心していてはいけないのだと思わされます。

＊

本書は6章構成になっています。まず第一章では、2024年3月に発覚した紅麹を含む製品による健康被害がどのようなものであるか、これまでわかっていることをまとめました。前例のない大きな事件の記録と検証の意味もありますが、この事件は、健康食品の問題点を多く含むものです。

第二章では「健康食品」とはどういうものなのか、現在の日本の法律による定義やその実態を解説します。

第三章では基本に立ち返って、健康食品に限らずそもそも「食品が安全である」というのはどういうことなのかを確認します。私たちは食品が安全であることを当然のように思いがちですが、その本当の意味をちゃんと説明できる人は、あまりいないのです。

第四章では、海外の健康食品をめぐる制度がどのようになっているのかについて、いくつかの例を紹介します。食品中に含まれる化学物質が原因で、死亡を含む重い健康被害が多く報告されていますが、実はその典型的なものがサプリメントなのです。そのため諸外国では、健康食品についてはさまざまな仕組みを作って安全対策をしてきました。その中には、日本に欠けているものもあります。

そして第五章では、健康食品と医薬品の境界について考えます。錠剤やカプセルは見た目が似ていても、食品と医薬品には大きな違いがあるのです。

こうした健康食品とその周辺のいろいろな話題を踏まえたうえで、第六章では健康食品とどうつきあったらいいのか、筆者の提案を述べます。制度のあるべき姿、そして消費者としてこれだけは知っておいてほしいということをまとめました。

全体のストーリーはありますが、興味のある章から先に読んでいただいても大丈夫です。専門家ではない一般の人が読み物としてすらすら読めるように、文中での文献の引用や脚注はできるだけ省きました。その代わり、参考文献を知りたい人や、もっと勉強したい人向けに、巻末で参考になるような書籍を紹介しています。

今サプリメントをなんとなく使っていて、効果を実感できずに本当に必要なのかどうか迷いがある人はいませんか。広告が魅力的で、使ってみたいサプリメントがある人もいるかもしれません。そういう人は、ぜひ本書を読んでみてください。本書を読んだ後で、もう一度そのサプリメントの宣伝文句を見てみたら、以前とは受け取り方が変わると思います。

すべての人が十分な情報をもとに、最善の判断ができるようになることが食品安全リスクコミュニケーションの目標です。本書がその役に立つことを願っています。

第一章

それでも飲みますか?

――紅麹問題から考える

†いま起こっていること

近年、健康に関する関心が高い人たちの間で、健康食品が話題になることが増えていました。新聞や雑誌の広告欄には、「これのおかげで元気に過ごしています」というたくさんの体験談でいろいろなサプリメントが売られ、テレビをつければ情報番組のようなCMが一日中流れています。

日本では1991年から食品の健康上の機能を謳う特定保健用食品（いわゆるトクホ）という制度が、世界に先駆けて実施されています。そして2015年に機能性表示食品の制度が始まってからは、さらに多様な健康食品が販売されるようになりました。

メニューの参考にしようと料理番組やレシピを見ているときでも、「この食品は○○にいい」とか「△△予防になります」といった食材の健康機能が強調されることが、ごく当然のようになっています。トクホや機能性表示食品ではない、いわゆる健康食品も含めて、健康によいとされる食品が多数販売され、健康食品業界の売り上げは年々増加しています。

そんな中で、2024年3月末に、小林製薬が製造・販売した紅麹を含むサプリメントによる大規模な健康被害が明らかになりました。これは近年の日本の食品安全史上、最大規模のものです。その全容は本書執筆時点でいまだ不明ですが、歴史に残る事件であることは間違いありません。

今回の事件には、サプリメントをはじめとした日本の食品安全をめぐる問題が凝縮されています。まずこれまで起こったこと、わかっていることを簡単にまとめておきましょう。

†事件の発端

2024(令和6)年3月21日、紅麹を含む機能性表示食品を取り扱っていた小林製薬株式会社(以下、小林製薬)が、機能性表示食品を管轄する消費者庁に健康被害の報告がある旨の最初の連絡をし、消費者庁から小林製薬に対して、大阪市保健所に連絡するよう指示がありました。

翌22日、小林製薬は大阪市保健所に、13名の健康被害の情報があることと、自主回収を行う予定であることを報告しました。大阪市保健所は、食品衛生法に基づく自主回収の届出をするよう小林製薬に指示するとともに、厚生労働省に情報共有をしました。

そして小林製薬は、「紅麹関連製品の使用中止のお願いと自主回収のお知らせ」の報道発表と記者会見を行います。これを受け、厚生労働省は全国の自治体宛てに、健康被害情報の収集についての事務連絡をしました。25日には小林製薬から第二報のプレスリリースが出され、その時点で患者数は26人に増えていました。

3月26日に厚生労働省が小林製薬から状況を聞いたところ、紅麹を含む特定の健康食品を摂取した人の健康被害が多数報告されていることに加え、2名の死亡事例が報告されたことがわかりました。厚生労働省による聞き取りの結果、「紅麹コレステヘルプ」「ナイシヘルプ+コレステロール」「ナットウキナーゼさらさら粒GOLD」の3製品は、食品衛生法が定める「有毒な、若しくは有害な物質が含まれ、若しくは付着し、又はこれらの疑いがあるもの」(第6条第2号)にあてはまるものとして、自主回収ではなく廃棄命令等の行政措置の対象となりました。

これらの製品を使用している人は直ちに使用を中止し、何らかの異常がある場合には医師に相談することが行政や報道機関から広報されました。

†原因解明の経過

事件の原因物質に関して、ある程度詳しい情報が最初に公表されたのは3月29日のことです。

3月28日に行われた厚生労働省の薬事・食品衛生審議会の調査会で、小林製薬から説明されたという資料が公開されています。それによると、小林製薬は大阪工場で紅麹原料を製造していました。ただし2024年1月以降、製造拠点は和歌山工場に移っていて、事

図表1-1　紅麹サプリメントの製造工程

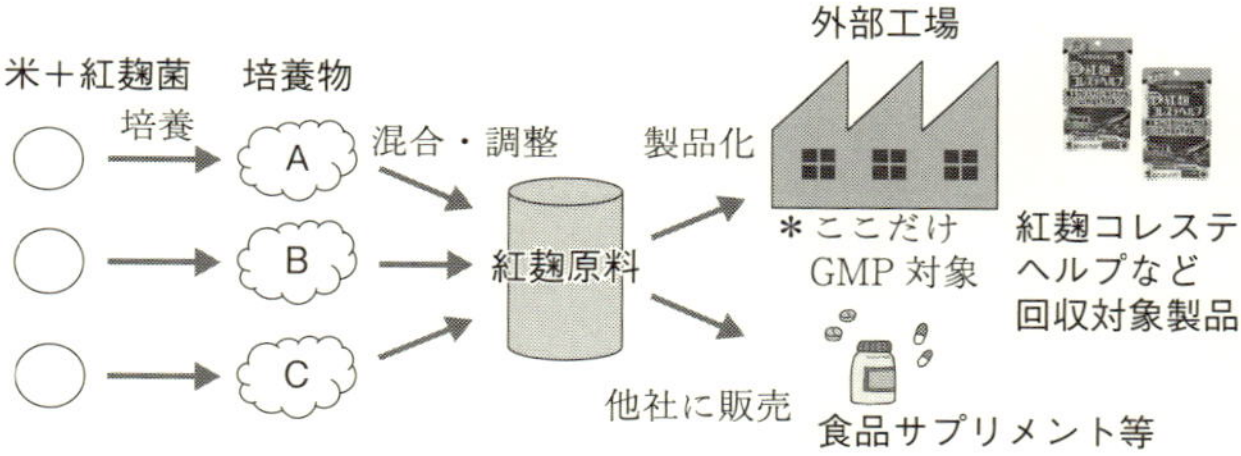

件が発覚したときには、大阪工場は稼働していません。

製造工程は、米を加熱して紅麹菌を植え、培養して、それが終わったら加熱して乾燥粉末にします。それは「培養物」と呼ばれます。

この培養物は、培養ロットごとに目的の成分であるモナコリンKの含量が異なります。そのため、複数の培養物を混合してモナコリンKの濃度を調整したものを「紅麹原料」と呼んでいるようです。この紅麹原料は、他の会社でサプリメントの形状に加工されていました。また、他の食品企業などにも販売されていたようです。

そして小林製薬は、健康被害が報告された製品のロットから予定しない物質のピークがあることを発見し、高速液体クロマトグラフ（HPLC）による分析を行ったところ、「プベルル酸」を原因物質と同定した、と報告しました。プベルル酸というのはあまり知られていない化合物で、この時点では論文は数報しかなく、毒性もよくわからない物質でした。

厚生労働省は小林製薬の保有するサンプルについて、国立医薬品食品衛生研究所でロットを限定せずに理化学検査を行って、プベルル酸以外にも原因となる可能性のある物質があるかどうかを調べることにしました。

5月28日には厚生労働省から、小林製薬社製の紅麹を含む食品の健康被害の原因究明の途中経過が発表されました。

国立医薬品食品衛生研究所の研究によって、健康被害の報告されているロットに含まれていて、健康被害の報告されていないロットには含まれない化合物として、プベルル酸のほかに2種類の化合物YとZが含まれることがわかりました。YとZはモナコリンKと基本骨格が似ていて、紅麹菌がモナコリンKを作るときに青カビが同時に存在することによってできるのではないかと推定されました。

またプベルル酸や化合物Y、Zがどこからきたのかについては、培養物に含まれていることから培養段階での混入が予想されました。

そして小林製薬が紅麹製品を製造していた大阪工場、和歌山工場から採取した青カビ(Penicillium adametzioides)を米培地で培養したところ、プベルル酸が検出されました。化合物Y、Zは検出されませんでした。さらに、紅麹菌と青カビを一緒に培養すると、共存できることがわかりました。そして、モナコリンK存在下で青カビを培養すると、化合物Y

ができることが確認されました。

そして毒性に関する情報ですが、ラットに7日間反復投与試験を行ったところ、プベルル酸単独の場合と、プベルル酸と化合物YとZを含む製品で、腎臓の近位尿細管の壊死が観察され、腎毒性があることが示されました。今後90日間反復投与試験を行って毒性影響を明らかにしていく予定、と発表されました。

さらに9月18日に公表された資料では、化合物Y単品と化合物Z単品では7日間反復投与試験で腎臓の毒性所見が見られなかったことからプベルル酸が腎毒性の主な原因物質であるとされています。9月の資料からは「90日間反復投与試験実施予定」の部分がなくなっていました。

†日本腎臓学会の調査

日本腎臓学会は問題が発覚した直後から、会員へのアンケート調査などを行って病像の解明を進めています。

学会のホームページに掲載された「紅麹コレステヘルプに関連した腎障害に関する調査研究」アンケート調査では、最初の中間報告として3月31日時点で47例、中間報告第2弾では4月末日時点で189例の患者の情報が登録されたとしています。

189例のうち女性65・3％、男性34・7％、年齢は70歳以上が11・1％、60〜69歳が32・6％、50〜59歳が39・5％となっています。初診時の主な症状は倦怠感（46・8％）や食思不振（47・3％）、尿の異常（39・9％）、腎機能障害（56・4％）が多く、腹部症状（12・8％）や体重減少（22・9％）をうったえる人もいました。

また2024年6月30日の第67回学術総会で、小林製薬の紅麹成分入りサプリメントをめぐる問題について取り上げたことが報道されています。それによると、2024年3月から5月に患者206人分の症状や治療経過などの情報が全国の医師から寄せられ、そのうち腎機能の指標となるデータが確認できた105人分を分析したところ、治療を続けても腎機能の数値が正常値を下回っていた患者は90人（85・7％）いました。治療開始時は回復がみられたものの、正常な状態までは回復していない患者が多く、腎機能が低下したまま慢性腎臓病のような状態になっているとのことです。

専門医によると、「全身倦怠感」や「食欲不振」などの症状は、サプリメントの服用中止で一定の改善はみられるものの、炎症による尿細管の組織の線維化などが進み、不可逆的な腎機能障害をきたす可能性があるため、かなり長期的な経過観察が必要と考えられるそうです。

†大阪市による調査

小林製薬は大阪に本社を置くため、事件発覚以降「小林製薬の紅麹配合食品にかかる大阪市食中毒対策本部」が大阪市によって設置されています。大阪市が回収命令を出しているため、市が回収の状況なども監視しています。そのため大阪市が食中毒の疫学調査をとりまとめていて、10月10日に2024(令和6)年8月30日時点の中間報告が掲載されています。その内容は以下のようなものです。

ある程度の情報が得られた2273件の健康被害報告をまとめてみると、患者は2021年の紅麹コレステヘルプ販売開始以降、22年までは散発的にちらほら確認できる程度でした。しかし2023年に入って増加傾向が見られ始め、8月以降持続的に増加し、12月以降は顕著な増加が見られました。健康被害による病院受診者は2023年11月以降に増加し始め、2024年3月、4月に急激に増加しています。

摂取開始から発症までの期間の中央値は1カ月と、比較的短いです。被害者の特性としては女性が70%で、50〜59歳が40%、60〜69歳が29%と比較的高齢です。重篤度は医療機関受診なしの軽微が51%、医療機関で外来治療の軽度が41%、入院治療により治癒した中等度が4%、入院治療後完治せず機能障害が残った「後遺症あり」が3%と報告されています。そして他の健康食品を併用している人が49％いました。

症状のうちもっとも多いのは倦怠感で50％、次が頻尿34％、尿の泡立ち28％、手足の浮腫22％、持続的な尿の色調変化17％、食欲不振13％、嘔気・嘔吐12％、体の痛み11％、めまい・ふらつき11％、頭痛10％、かゆみ・発疹9％、動悸・息切れ9％、腹痛9％と続きます。

大阪市はこうした情報を他の情報と合わせて、10月10日に今回の健康被害は小林製薬のサプリメントの摂取による食中毒と判断し、国へ報告することにしました。

†増加する健康被害報告

消費者庁は、2024年4月11日に「機能性表示食品を巡る検討会」を開催すると発表し、その後5月23日までに6回の会合を重ね、27日に「機能性表示食品を巡る検討会報告書」を発表しました。

この報告書を受けて、5月31日の紅麹関連製品への対応に関する関係閣僚会合で、「紅麹関連製品に係る事案を受けた機能性表示食品制度等に関する今後の対応」が示されました。具体的には、健康被害の情報提供の義務化や機能性表示食品制度の信頼性を高めるための措置として、GMPの要件化などが示されました。GMPとはGood Manufacturing

Practiceの略で、直訳すると「適正製造規範」となります。製品の品質を保つことができるよう、原材料の入荷から製品の出荷までの過程において、適切な管理を実施することを求めるものです。

２０２４年６月28日に、小林製薬の紅麹を含む健康食品による健康被害の報告数が急増しました。死亡の届出数が６月28日17時時点では５例だったものが、７月４日時点では２１５例にまで増えています。この中にはサプリメントとの関連がない可能性が高い事例も含まれます。

小林製薬が厚生労働省から、３月末以降数字が更新されていないことを問われて、実は死亡に関する遺族からの相談等はあったものの厚生労働省には報告していなかったことを明らかにしたのです。

また厚生労働省が集計している「医療機関を受診した者」と「入院治療を要した者」の数が、６月26日時点ではそれぞれ１６５６人と２８９人だったのが、30日時点では２２１人と４４１人に増加しています。これは腎疾患以外の報告も含めるように変更したため、とのことです。いずれも健康影響は急性の腎障害以外は認めないかのような不可解な対応で、健康被害の実態を把握しようという目的とはかけ離れています。

５月31日に紅麹関連製品への対応に関する関係閣僚会合で合意された、「紅麹関連製品に係る事案を受けた機能性表示食品制度等に関する今後の対応」で、健康被害情報をできるだけ速やかに提供するよう義務化する、と強調していたにもかかわらず、このような報告遅れが並行して起こっていたことに対して、武見敬三厚生労働大臣（当時）が「極めて遺憾」と小林製薬を強く糾弾したとの報道もありました。このような状況では、紅麹関連製品を使用していた人たちの健康被害の実態解明が進むはずもなく、厚生労働省が小林製薬に指導監督するよう、指示がなされたようです。

その後、厚生労働省がホームページで公表している健康被害状況は、11月11日時点で「医療機関を受診した者」は2603人、「入院治療を要した者」は530人、死者数は397人となっています。

†消費者委員会の対応

内閣府の消費者委員会の食品表示部会でも機能性表示食品の問題は取り上げられました。「紅麹関連製品に係る事案を受けた機能性表示食品制度等に関する今後の対応」に従って食品表示法の食品表示基準の一部改正が行われることになったため、消費者委員会がそれに対して答申書（案）および意見書（案）を公表しました。

改正案は了承されましたが、たくさんの附帯意見が付きました。さらにサプリメント食品に係る消費者問題に関する意見では、「今般の紅麹関連製品に係る事案を受け、機能性表示食品については、安全性のあり方に重点を置いた制度改正が行われる見込みとなっているが、それは、サプリメント食品が抱える問題という観点からみると、一側面への対応に留まっている」と指摘しています。

少なくとも消費者委員会は、この時点で政府が提案している「今後の対応」では不十分なので、今後さらに対策を進めることを求めています。

†紅麹原料を使っていた会社では

小林製薬社製の紅麹原料を使って製品を作っている会社もありました。小林製薬が直接紅麹原料を売っている会社は52社、さらにそれらの会社などから小林製薬の紅麹原料を入手している企業は173社と報告されています。

これらの会社に対して、①小林製薬の3製品に使用された紅麹と同じ小林製薬社製の原材料を用いて製造され、かつ、上記と同等量以上の紅麹を1日あたりに摂取する製品、②過去3年間で医師からの当該製品による健康被害が1件以上報告された製品があるかどうかの確認が行われ、該当する製品があるとの報告はありませんでした。

しかし①と②にはあてはまらないものの、小林製薬社製の紅麹原料を使っていたため自主回収された製品はたくさんありました。紅麹を使った錠剤タイプの健康食品はもちろん、菓子や味噌、酒、調味料など、100以上の製品が自主回収されています。モナコリンKの薬効を宣伝した製品や着色目的と思われるものなど、使い方もさまざまでした。

†ベニコウジ色素をめぐる不安

小林製薬の紅麹製品による健康被害が話題になる中で、さまざまな食品に使われている「ベニコウジ色素」「着色料（紅麹）」の文字が、不安のもとになる人たちが出てきました。これは食品添加物（既存添加物）として着色のための使用が認められているもので、小林製薬の紅麹原料とは異なります。

食品添加物として安全性基準をクリアして使用が認められているベニコウジ色素は、紅麹菌を液体培養して色素成分であるアンカフラビン類やモナスコルブリン類を濃縮したものので、色素以外の不純物も含めて規格が設定されています。食品添加物として使用された食品には表示義務があります。

一方、小林製薬の紅麹原料は、米に紅麹菌をつけてモナコリンKが多くなるように長期間培養したものをそのまま乾燥粉末にしたもので、培地である米を含め、多様な物質を含んでいます。食品添加物で定められているような規格基準や確認試験は設定されておらず、認可に必要な安全性の立証もされていません。

着色を目的として使用された場合、ベニコウジ色素に比べて紅麹原料は色素成分が少ないため、同じ色にしようとすればベニコウジ色素より大量に使う必要があります。ただし紅麹原料は、分類上は食品なので、表示する場合には添加物としてではなく原材料のところに記載されます。このため、食品添加物の不使用を宣伝したいためにベニコウジ色素ではなく紅麹原料を使用した会社もあるのではないかと思われます。

本来、着色目的で使用すれば一般食品であっても食品添加物に該当しますが、別の目的があって使用し、たまたま色がついただけと主張されればそれまでです。それでももし同じ製品に食品添加物のベニコウジ色素と食品の紅麹原料で色をつけるとしたら、食品添加物のベニコウジ色素を使ったほうが圧倒的に安全で、安定した着色をすることができます。食品だと何が含まれるかはわからず、色素の量も必ずしも一定ではないからです。

今回問題となっている有害物質が含まれていなかったとしても、使用の目的とは関係ない余計なものが含まれるのは食品のほうです。消費者の中には、食品添加物を体に良くないものだと信じてとにかく避けようと主張する人たちがいます。食品企業に対しても食品添加物を使わないでほしいと要求がなされる場合がありますが、その結果として、より安全性の低い食品を使うことにつながっているのだとしたら——。

食品添加物のほうが一般食品より安全性や品質の要件が厳しいということは、知っておくべきことだと思います。

†台湾や韓国の対応

小林製薬の紅麹製品による健康被害が報告されているのは、日本だけではありません。台湾では、日本で回収が発表された直後から腎不全の被害者が報告され始めました。

6月27日には、小林製薬の製品などを摂取して腎機能低下などの被害を訴えている人たちが、小林製薬の台湾法人を相手に集団訴訟を起こすと発表したことが報道されました。民間団体「台湾消費者保護協会」によると、被害を訴えている人は68人おり、30人以上が訴訟に参加する意向を示しているとのことです。そして続報によると、台湾の消費者支援団体は9月27日、小林製薬の現地法人や輸入業者など6業者を相手取り、被害を訴える55人に対する約1億6800万台湾ドル（約7億6000万円）の損害賠償を求める集団訴訟を、台北地裁に起こしたとのことです。

なお韓国でも、小林製薬の紅麹製品は正式には輸入されていないにもかかわらず、食品医薬品安全処がホームページで大きく取り上げ、注意喚起の動画も公開して、当該のサプリメントを摂取しないようにと呼びかけていました。個人輸入を予防することが目的だそうです。

†届出情報を読んでみる

小林製薬の紅麹製品は機能性表示食品として消費者庁に届出がされています。機能性表示食品の届出情報は消費者庁のホームページから閲覧可能で、消費者がこれを見て判断するという建前になっています。この届出情報を見てみましょう。

製品に表示される機能性関与成分名は「米紅麹ポリケチド」と記載されています。しかしポリケチドとはケトン（＞C＝O あるいはその還元型）とメチレン（＞CH2）基が交互につながった分子（$[-C(=O)-CH_2-]_n$）由来の天然物群の総称なので、具体的に何を指すのかはわかりません。

中身をみると「米紅麹ポリケチドであるモナコリンK」と記載されているので、モナコリンK、つまり医薬品のロバスタチンが含まれることがわかります。

製造および品質の管理に関する情報として「国内GMPに基づき製造されている」という記載があります。ところがよく見ると、GMP認証を受けているのは原料を錠剤に加工して包装することを委託している工場だけです。この記述から、小林製薬での紅麹原料の製造工程についてはGMP認証を受けていないことを読み取るのは難しいと思います（図

表1－1を参照）。

安全性に関する情報として「当該製品と類似処方の製品（機能性関与成分量は同じ）を2011年から20万食以上販売しているが、本製品が原因と示唆される重篤な健康被害は報告されていない」とあり、喫食実績があることが主張されています。

動物実験やヒト試験の記述もありますが、社内報告のため詳細は不明です。一般的に食品添加物や農薬の安全性試験で要求されるような水準のものではないことは確かです。有効性については自社の関与する「論文」わずか2報をもって「システマティック・レビュー」と称しています。

この届出情報は、それなりに知識のある専門家が見ればいくつもの問題点を指摘することが可能ですが、一般の消費者が見てその中身を理解するのは、相当困難だろうと思います。そして、機能性表示食品の届出情報だけをすみずみまで見たとしても、実はコレステロールが気になる人のためのもっと優れた医薬品がより安価で手に入ることまではわかりません。

食品と健康に関する情報は、本来それらを適切に扱うためには栄養士や薬剤師、医師のような国家資格をもった専門家が必要とされる、複雑かつ膨大なものです。ほんのわずかな偏った情報を素人に提供したことをもって、もし健康被害に遭っても自己責任というのでは、あまりにも消費者に不利といえるでしょう。

†海外では紅麹サプリメントに注意喚起がなされていた

私は2016年に出版した『「健康食品」のことがよくわかる本』という著書で、「フランスのニュートリビジランスシステムと紅麹」という見出しのもと、フランスで紅麹を含む食品サプリメントに注意喚起がなされていることを紹介しました。

以前からフランスでは紅麹サプリメントについて、医薬品のロバスタチンで報告されている有害事象と類似の影響が報告されていたため、次のような助言を行っていたのです。

「モナコリンを含む紅麹食品サプリメントは、スタチンベースの薬を使用している患者や、副作用によりスタチンベースの薬の使用を止められている患者（「スタチン不耐性」患者）に使用してはならない。感受性の高い人（妊婦、授乳中の女性、子ども、青年、70歳以上の人、グレープフルーツを多量摂取する人など）も紅麹サプリメントの使用を避けるべきである」

紅麹サプリメントについては、今回の問題が起こるよりずっと以前から、医薬品と同じ成分を含むことやカビ毒の汚染があること、さらに使用した人の健康被害との関連が複数報告されており、世界中で注意喚起や警告が出されていました。リスクの高いサプリメントとして有名だったのです。

紅麹サプリメントをめぐって、海外ではほかにどのような規制や警告がみられるでしょうか。ここでは海外食品安全機関の情報を一部紹介します。

†米国の状況

アメリカではロバスタチンが医薬品として認可されているため、モナコリン含量を強化した紅麹製品をダイエタリーサプリメントとして販売することはできません。にもかかわらず売られていることがあるのが、規制が緩く、取り締まりが追いつかないダイエタリーサプリメントの恐ろしいところです。米国の食品と医薬品の規制を担当する機関であるアメリカ食品医薬品局（FDA）は、そのような製品に対して何度か警告文書を発していいます。

またモナコリンKを強化していない、紅麹そのものをダイエタリーサプリメントにしたとする製品も販売されていますが、研究者の調査によると、カビ毒のシトリニンによる汚染が高確率で検出されたと報告されています。「シトリニンを含まない」と表示されていた製品からも、シトリニンが検出されています。

日本の機能性表示食品制度は、米国のダイエタリーサプリメントを見習ったものだとされますが、このようななんでもあり状態を見習いたかったのでしょうか。

†欧州食品安全機関の見解

欧州食品安全機関（EFSA）は、EUの食品安全に関する科学的評価を行う機関です。そのEFSAが紅麹のモナコリンの安全性に関して評価を行い、健康への有害影響の心配がないモナコリンの食事摂取量に関する助言を求められ、2018年に報告を行っています。欧州では紅麹を含むサプリメントが複数販売されていて、それらの安全性への疑問があったためです。

紅麹を含むサプリメントの中には、紅麹のみを原材料とするものもありましたが、他のビタミン類や植物を一緒に含むものもありました。さまざまな情報を集めた結果、ヒトでの有害影響に関する情報から、食品サプリメントとして使用した際は、モナコリンは使用量10ミリグラム／日で重大な安全上の懸念となることがほぼ間違いないと結論づけられました。これは医薬品の使用量に相当する量です。

さらに、3ミリグラム／日という少ない摂取量でも、紅麹由来モナコリンに深刻な有害反応事例が報告されていることにも注目しました。そして一般の消費者や感受性の高い集団向けの、健康に有害影響を及ぼさないであろう紅麹由来モナコリンの食事摂取量を決定することはできない、と結論づけたのです。つまり「何ミリグラム以下なら安全だ」という数値は決められない、ということです。

それを受けてEUは、食品サプリメントに使用できる物質に制限を定めた法律を2022年6月に改定して、制限物質として「紅麹米由来のモナコリン」を追加しました。製品の1日の摂取量あたりの紅麹米由来モナコリン量を3ミリグラム未満とするよう定めています。

また表示には、製品に含まれる1食分あたりのモナコリン量のほか、1日の紅麹米由来モナコリン摂取量が3ミリグラムを超えないようにすること、妊婦・授乳中の人・18歳未満の子ども・70歳以上の成人は摂取しないこと、コレステロールを下げる薬を服用中の場合には摂取しないことといった、警告文を記すことなどが要求されています。

またEFSAは、以前に事業者からの申請を受けて、紅麹米由来モナコリンの健康強調表示を評価しています。2011年に紅麹由来モナコリンKと正常血中コレステロール濃度維持に関する健康強調表示の評価結果が発表されました。それは、「モナコリンKと正常血中LDLコレステロール濃度維持についての因果関係は確立されていると結論した。健康強調表示が示す影響を得るためには、紅麹由来モナコリンKを毎日10ミリグラム摂取しなければならない」という内容でした。ロバスタチンの医薬品としての使用量は1日10ミリグラムからです。

ＥＵの規則とＥＦＳＡの評価をあわせてみれば、モナコリンＫは確かに一定の量で血中ＬＤＬコレステロール濃度を下げる作用があり、そのため医薬品として使用されているものの、食品としては効果が出る量を使うことはできない、となるでしょう。つまり、もし「効果がある食品サプリメント」と宣伝しているものがあったとしたら、含まれている量か表示している効果のどちらかが違法ということです。

†ドイツの評価

ドイツでは、ドイツ連邦リスクアセスメント研究所（ＢｆＲ）が２０２０年に「紅麹を含む食品サプリメントは医師の助言でのみ使用すべき」という消費者向けの助言を発表しています。

ＥＦＳＡが健康への有害影響の懸念を生じないモナコリンＫの食事摂取量を導出できなかったと結論したことを受けて、ＢｆＲもＥＦＳＡの表明に賛意を寄せました。その中で、食品サプリメントとして販売されているモナコリンＫを含む紅麹製品には筋肉疾患の発生リスクの増加はないと結論した２０１９年３月発表の論文について、その内容を精査した結果、同論文は信憑性に欠き、安全性の根拠にはできないと判断したことを説明しています。学術論文は、すべてが同じように信用できるわけではありません。結論が矛盾することもよくあるので、その中身を精査する必要があるのです。

そしてBfRは、紅麹をベースとしたフードサプリメントの摂取を推奨しないことを消費者に助言しました。それでもどうしても使用したい人は医師に相談して、医師の指導の下でのみ使用するように、と忠告しています。資格のある医師に相談すれば、より安価で安全で、効果のある医薬品のほうを勧められるでしょう。つまりこれは実質的に、サプリメントは使うなと言っているに等しいわけです。

このように、海外では紅麹を含むサプリメントに関して、安全上の問題があるという警告が何度も繰り返し出されていました。ところが、小林製薬の紅麹を含む製品について消費者庁に届出された情報には、こうした情報は含まれていません。

機能性表示食品は、届出された情報を消費者が見て判断することになっていますが、届出された情報が、消費者の判断にとって必要十分なものかどうかは保証されていないのです。事業者は、売るために都合のいい情報しか届け出ていないかもしれません。

もしも小林製薬が海外の規制機関による紅麹製品への警告情報を把握していて、消費者に伝えなかったのであれば、消費者を騙す悪意があったと言わざるをえません。また、海外規制機関情報をまったく知らなかったのであれば、健康関連の商品を売るには能力が足りないということになります。どちらにせよ小林製薬は、「健康」という重要な問題を任せられる会社だとは思えません。

機能性表示食品の制度は、そのようなヒトの健康という重大な問題を扱うための能力がない小さい会社でも簡単に、健康効果を宣伝して食品を販売できるようにするために作られたものなのです。販売事業者の能力不足のしわ寄せは消費者にいくわけです。

†健康食品は健康な人が使うもの

そもそも、健康食品は病気の人が使うことを想定していません。そのため、持病のある人が使用した場合の安全性や、他の医薬品との相互作用などは基本的に考えられていないのです。しかし実際には、ほかの薬を使用していたり、本人が気づかないだけで肝機能や腎機能に何らかの問題がある人が健康食品を使っていたりすることがよくあります。

高齢者なら、何らかの機能低下はあるのが普通でしょう。紅麹製品は「コレステロールが気になる方に」と宣伝されていました。コレステロール濃度は自分で知ることはできませんから、健康診断や医師の診察を受けたりして、自分はコレステロールが高めであると知った人たちが対象なのでしょう。そういう人たちが、コレステロール濃度が高めだけれどもその他はまったく問題なく健康だと言い切れるでしょうか。

実際、小林製薬の紅麹製品で健康被害を被った人たちの中には、持病があった人も含まれることが報道されています。小林製薬は届出の中で「疾病に罹患している場合は医師に、医薬品を服用している場合は医師、薬剤師に相談してください」と記載しているので、健常者が使用することを想定しているようですが、この表示だけでは伝わらないでしょう。事実、健康被害を訴える人に基礎疾患のある人が多いのは、この点が伝わっていなかったためです。持病のある人や他に医薬品を使っている人は「禁忌」（絶対使わないでください）くらいの表現が必要だと思います。

また、たくさんのメディアで商品をコマーシャルしていたのだから、その中で持病のある人は決して使わないようにといった注意喚起が、大きくなされるべきでした。日々膨大な量の健康食品の宣伝・広告を目にしますが、「病気治療中の人は使わないように」と警告をしているものは見たことがありません。

また、コレステロールが少し高い場合の第一の選択肢は食生活の改善です。にもかかわらず、もし医師に食生活を見直してみましょうと勧められたときに、いわゆる健康食品を使うことを選択したらどうなるでしょうか。

患者は、健康食品を摂ることで食生活の改善をしたと考え、医師も患者が食事の内容を見直したのだと思うでしょう。それからしばらくしてやはり薬物治療が必要になったとき、医師はおそらく低用量から様子をみながら医薬品の投与を始めるでしょう。でも実はすでに医薬品に相当するものを使用していたとしたら、安全で効果的な治療の妨げになる可能性があるのではないでしょうか。例えば薬の効きが悪いとか、副作用が強く出てしまうといった形で、健康食品ではない、正当な治療に使われた医薬品の有害事象として報告されるかもしれません。

健康食品の使用を医師に黙っている患者さんは、けっこう多いことが報告されています。健康食品を使っていると医師に話せば、たいていの場合、使用をやめるように言われます。そのため、黙っておきたい気持ちはわからないでもないですが、きちんと話して疑問があれば解消したほうがいいでしょう。脂質異常症の治療のような、担当のお医者さんと長くつきあう必要のある場合には、食生活の改善が難しいというようなことも含めて、正直に話すことが重要です。

†「製薬会社だから信頼していたのに」という声

一般的に「製薬会社」といった場合、日本製薬工業協会加盟70社（2024年7月時点）を連想すると思います。これは、新薬を開発できる会社です。

次に、ジェネリック医薬品メーカーが加盟する日本ジェネリック製薬協会というものがあります。ジェネリック医薬品は新薬（先発医薬品）の特許期間が過ぎてから、同じ有効成分を使って品質、効き目、安全性を証明して厚生労働大臣の承認を受け、国の基準、法律に基づいて製造・販売されている薬のことです。ここまでが、医師が処方する薬を作っているメーカーです。

そして小林製薬はそのどちらでもなく、日本OTC医薬品協会に加盟しているようです（2024年10月に一定期間、会員資格の停止処分が報告されています）。OTCとは"Over The Counter"の略で、医師の処方なしに薬局のカウンター越しで一般の人が購入できる薬のことを指します。OTC医薬品にはいろいろなものがあって、薬剤師の資格のある人に説明してもらわないと買えないものから、普通の商品のように棚に陳列されていて手に取って選べるものまであります。たとえば、小林製薬の販売しているかゆみ止めや筋肉痛の塗り薬などがOTC医薬品です。

したがって、今まで治療法のなかった病気を治すために日々研究を重ねている、というような「製薬会社」をイメージされると、それとはかなりかけ離れていると思います。実際に会社の報告書を見ても、研究開発費よりも広告宣伝費のほうが多く計上されており、研究ではなく広告宣伝のほうに力を入れていることがわかります。広告宣伝は、知名度を上げて親しみやすくするのには役に立つのですが、製品の品質とはあまり関係がありません。

実のところ、企業の規模や業種だけでは、製品が安全かどうかはわかりません。大手製薬企業傘下であっても、食品部門は小さいかもしれません。また、薬と食品は別物なので食品企業のほうが食品には詳しい場合もあるでしょう。そして医薬品のような効果効能、例えば「がんに効く」などと謳った商品を、製薬会社ではない会社から購入することは絶対にしないでください。

†メディアの責任

マスメディアは事故が起こると企業や国の責任を追及します。しかし、そもそもいわゆる健康食品産業の拡大で利益を得ていた業界の一つが、メディア自身であることを忘れてはならないと思います。現在、新聞・雑誌の広告費のかなりの部分を健康食品が占めているそうです。

テレビや新聞・雑誌で、いわゆる健康食品の、消費者を欺くような広告を掲載したことがない媒体がどれほどあるのでしょうか。健康食品が原因で健康被害が出た場合、その健康食品の広告宣伝費を受け取って、ミスリードする内容のコマーシャルを流していたメディアには一切責任がないのでしょうか。

医師が使う処方薬は、一般消費者への宣伝は禁止されています。そのため、モナコリン

K（ロバスタチン）よりいい薬が開発されていることを消費者は知らされることがない一方で、誤解を招くような健康食品の宣伝には大きな広告スペースが使われています。消費者の認識がゆがむのは当然だと思います。

†危険は予期されていた

紅麹サプリメントに関する周辺情報を知っていれば、このような医薬品成分を含むサプリメントはリスクが高く、何か手違いがあれば簡単に健康被害につながってしまうということが予想できると思います。私自身は、機能性表示食品による健康被害は遅かれ早かれ発覚するだろうとは考えていましたが、ここまで大規模かつ深刻な被害を起こすことまでは予想できませんでした。

もともとリスクが高いものに極めて毒性の強い物質が混入し、健康被害が出てからも対応が遅いという、いくつもの不運が重なったためと考えられます。

このような事故は二度と起こしてはならないものです。どうしてこんなことが起こってしまうのか、被害者にならないためにどうすればいいのか、そして健康食品との賢いつきあい方はあるのかを知ることは重要です。次章以降で、そもそも「健康食品」とは何なのか、あらためて考えてみましょう。

第二章

そもそも健康食品って？

†健康食品とは何か

この章では、そもそも「健康食品」と呼ばれるものはどういうものなのか、法律による定義やその実情を確認したいと思います。

まず、ヒトが口から摂取するもので医薬品に分類されるもの以外はすべて「食品」となります。一般的に食べるものとして想像される料理やお菓子のほか、水やガム、錠剤も「食品」です。そのうち、健康によいという宣伝文句で販売されているものが、広い意味での「健康食品」になります。なかでも法律上の定義があるものとして特定保健用食品（トクホ）、栄養機能食品、機能性表示食品の三つがあり、これら三つをまとめて保健機能食品といいます。

これら三つの保健機能食品について、以下で簡単にまとめておきましょう。

トクホは、消費者庁が個別の製品について評価したうえで、健康の維持・増進に役立つ、あるいは適するといった表示を認めているものです。例えば「〇〇（製品名）には△△（成分名）が含まれているため、便通を改善します。おなかの調子を整えたい方やお通じの気になる方に適しています」といった表示が、「許可表示」として記載されています。安全性についても食品安全委員会が評価をし、トクホマークがついています。

次に、栄養機能食品は、必要な栄養成分（ビタミン、ミネラルなど）が不足しがちな場合に、それを補給するために利用できる食品です。国による個別の審査を受ける必要はなく、すでに科学的根拠が確認された栄養成分を一定の基準量含んでいれば、栄養成分機能を表示できます。

例えば、一日の摂取目安量あたり葉酸を72～200マイクログラム含んでいれば「葉酸は、赤血球の形成を助ける栄養素です」「葉酸は、胎児の正常な発育に寄与する栄養素です」と表示することができます。あるいはカルシウムなら204～600ミリグラム含んでいれば「カルシウムは、骨や歯の形成に必要な栄養素です」と表示できます。ビタミンやミネラル以外では、n-3系脂肪酸の「n-3系脂肪酸は、皮膚の健康維持を助ける栄養素です」という表示だけが認められています（n-3系脂肪酸とは魚に多く含まれるエイコサペンタエン酸（EPA）やドコサヘキサエン酸（DHA）、αリノレン酸などを指します。n-3とは脂肪酸の分子の二重結合の位置を示します）。

図表2-1　トクホマーク

機能性表示食品は2015年4月に新しく加わったもので、事業者の責任において、科学的根拠に基

図表2-2　健康食品とは

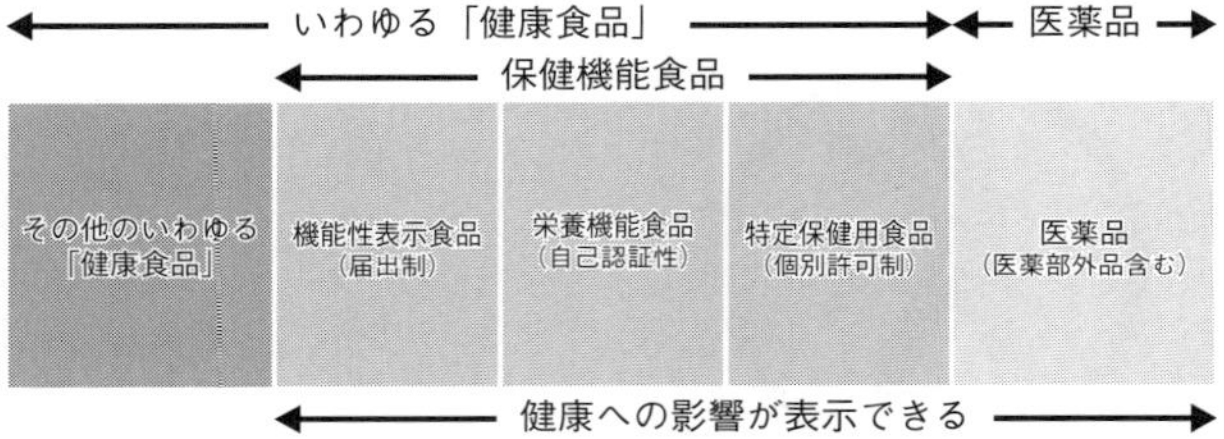

出典：厚生労働省ホームページ「健康食品」の項目から
https://www.mhlw.go.jp/stf/seisakunitsuite/bunya/kenkou_iryou/shokuhin/hokenkinou/index.html

づいた機能性を表示した食品です。安全性と機能性に関する根拠は、国が評価することはなく、消費者庁への届出のみです。商品には届出番号が記載されているので、消費者自身が消費者庁のホームページで公開されている届出情報を確認することになっています。保健機能食品の中では最も数が多く、急速に拡大しているもので、表示も多種多様です。

保健機能食品以外にも、健康機能を宣伝して販売されているいわゆる健康食品とされるものがあります。これらの中には、本来してはならない効果効能の宣伝・表示をしている違法なものも含まれます。

食品は医薬品ではないので、病気の治療や予防のような健康効果を宣伝することはできません。「がんに効く」とか「コロナウイルス感染予防に有効」などと宣伝しているものは、たとえ売り子さんが口頭で言っているだけでも法律違反なのですが、残念ながらそのような売り方をよく見かけます。

一方、「野菜や果物は食物繊維とビタミンが豊富なので健康のためにたくさん食べましょう」といったような常識的な宣伝もあるので、判断が難しいところです。消費者が誤解するかどうかが一つのポイントで、例えば「翼を授ける」という宣伝で本当に羽が生えると思う人はいないので問題になることはないですが「関節炎でも走れるようになる」だと怪しいでしょう。グレーゾーンについては事業者もきわどいところを狙ってきますから、世界中で取り締まる側との攻防になります。消費者自身が知識をつけて、賢くなるしかないのが現状です。

これら健康食品についてもう少し詳しくみてみましょう。

†1991年、トクホの創設・制度化

特定保健用食品は1991年に創設されました。当時そのような制度は世界的にみても珍しく、関係者は最先端の制度だと自慢していたと聞きます。ただし、他に先例がないというのは必ずしも良いことばかりではなく、あとから振り返ってみれば時期尚早だったと思われる部分もありました。

食品が人間の健康に影響を与えることは確かです。なにより適切な栄養を摂ることは大

切です。日本の場合、第二次世界大戦後しばらくは、とにかく栄養不良をなくすことが最優先課題でした。やがて飢餓や栄養不足が過去の問題になり、食品の栄養以外の特徴——いわゆる機能性に関心が向くようになります。

1980年代から90年代は、世界的に食品の研究者の間で、食品に含まれる成分によって病気が予防できたり、長生きに役立ったりするのではないかという期待が非常に高まり、多くの研究が行われました。新鮮な野菜や果物の多い「豊かな食生活」を送っている人たちが健康で長生きしているようだという観察や、培養細胞や動物実験で食品中のビタミンや抗酸化物質にがん細胞の増殖を抑制する作用があるといった期待できそうな研究結果が次々と発表されていました。

それらの結果から食品には栄養(一次機能)や美味しさ(二次機能)のほかに、健康に役立つ三次機能があるという説が提唱されるようになります(食品の機能をこの3つに分類するやりかたはおそらく日本特有です。FAOによる食品の3つの機能は、エネルギーを供給する・人体の成長や修復に役立つ・人体を病気から守る、となっています)。

†サプリメントへの期待は裏切られた

欧米では、特に抗酸化ビタミンで病気の予防ができるのではないかという期待が高く、効果を立証しようとして大規模臨床試験が次々と実施されました。ヒトで短期間、病気の代わりに血中の特定化学物質の濃度などの代用エンドポイントを使った予備的試験でも、期待できる結果が出ていたのです。

ヒトでの大規模臨床試験が実施できるということは、それなりの予算が付き、見込みがあると判断されたからです。代表的なものが、フィンランドで1985年から86年に開始されたαトコフェロール（ビタミンE）・βカロテンがん予防研究（ATBC研究）、米国では85年からβカロテンとレチノールの有効性試験（CARET）の予備研究が始まりました。

ちょうどこのビタミンやサプリメントへの期待が最も高かった時代に、健康状態を良くし医療費を減らすことが期待されてできたのが、日本の場合は1991年のトクホであり、米国の場合は94年のダイエタリーサプリメント健康教育法DSHEA（後述）だったわけです。

そして1994年にATBC研究、96年にCARET研究の結果が出ます。その結果は、ビタミンAは喫煙者の肺がんを有意に増加させるというものでした。

ATBC研究とCARET研究の発表後も、ビタミン剤によるがん予防に関する臨床研究は続々と報告されます。その多くが残念な結果だったため、2000年代初めには、研究者の間ではビタミンサプリメントへの期待はほぼ完全になくなったと言えます。しかしすでに健康食品業界は、主流のメディアも巻き込んで一大産業になってしまっていたのです。

このことは今でも継続中の問題です。医療・学術の世界では、病気の予防目的でビタミンやミネラルサプリメント、およびその他健康食品を使用することは、害のほうが大きい可能性があるため推奨されていません。この点は、相当な確実性をもって世界中の公的機関から正式に助言されています。

ところがマスメディアや雑誌、インターネットなどでビタミンやミネラルについて情報を探すと、サプリメントを勧める記事ばかりに出会います。圧倒的に科学的・公的情報のほうが足りていないのです。

†臨床試験には時間がかかる

トクホの話にもどりましょう。ビタミンサプリメントの大規模臨床試験の結果から学者が学んだ重大なことは、培養細胞や動物実験はもちろん、ヒトでの比較的短期間での予備的臨床試験結果が期待できるものだったとしても、実際にちゃんとした試験をやってみるまで結論は出せない、というものでした。世界的に、健康効果の科学的立証にはある程度長期にわたる、相当の規模の、できれば異なる試験で再現性が確認されることが必要だと考えられているのは、そうした過去の経験があるからです。

ところがトクホは、ヒトでの比較的短期間での予備的臨床試験結果の段階で、健康効果や安全性が立証されたことにしてしまったわけです。そして、その欠点を訂正することなく制度を運用し始めました。一度作ってしまった制度を変えるのはとても大変です。時期尚早だったというのはそういうことです。

具体的な例を挙げると、例えばトクホでは数十人程度を対象とした数週間の試験で「おなかに脂肪がつきにくい」といった表示が認められます。この程度の規模の試験で食品の機能性が認められることは、海外ではまずありえません（第四章も参照）。

というのも、肥満の人にとって健康への望ましい影響として考えられるのは、体重を減らすことです。そのためには半年から1年以上の試験で、体重の5％以上の減少を達成することが必要です。「体脂肪がつきにくい」製品で根拠として提出されているのは、内臓脂肪の面積のようなもので、体重そのものは減っていないことすらあります。

体重を減らすことが目的の場合、体重が一次エンドポイントで、内臓脂肪面積のようなものは代理指標と呼ばれます。体重が減っていれば、当然内臓脂肪面積も減っていると予想されるのですが、どういうわけかトクホの申請では、内臓脂肪がほんの少し減っていても体重は変わらないことがあるようなのです。

当然のことながら、1年後の体重がどうなるのかはわかりません。さらに健康体重の人のおなかの脂肪が多少増減したところで、健康上に何らかの影響があるとは考えられません。それでも健康増進のための食品であるとして、「国によるお墨付き」が与えられているのです。

†条件付きトクホ

トクホが1991年に導入され、最初の表示許可が出たのは93年のことです。最初に許可されたのは、低アレルゲン米と低リンミルクでした（ちなみに、この低アレルゲン米は米粒を酵素溶液に浸してコメのたんぱく質を分解したもので、その後トクホから病者用食品に分類が変更になり、2007年に販売終了となっています）。

そしてトクホの知名度が大きく上がるきっかけとなったのは、1998年にヤクルトが「おなかの調子を整えます」という表示許可をとったことでした。これはいわゆるプロバイオティクスの機能です。これ以降、トクホとして「おなかの調子を整える」タイプのプロバイオティクス製品が多数許可されています。しかし後述するように、「プロバイオティクス」は概念としてはそれなりに古いものですが、特定の微生物が特定の健康状態に有用であることが立証されたとは言い難いというのが、現在の科学の一般的認識です。

そして2004年、トクホが科学的根拠の質を上げるどころか下げる方向に制度改正し、国民の健康の維持増進が目的ではなく、マーケティングの手段でしかないのだということを決定的にしたのが、「条件付きトクホ」の導入です。条件付きトクホは、文書では「特定保健用食品の審査で要求している有効性の科学的根拠のレベルには届かないものの、一定の有効性が確認される食品を、限定的な科学的根拠である旨の表示をすることを条件として許可する特定保健用食品」と説明されています。

トクホの科学的根拠のレベル自体が国際基準からみると危ういのに、それにすら届かないとはどういうことか、と思われるでしょう。説明資料によると、具体的には作用機序はわからなくてもいい、無作為化試験で有意差がなくてもいい（有意水準10％でいい）、臨床試験で無作為化しなくてもいいという、もはや科学的根拠という言葉の意味が空しくなるようなものです。

実際には条件付きトクホはほぼ申請されず、現在販売されているものはありません。しかし、トクホの認定に係る専門家がこれでいいと判断したという事実は重いといえます。

その後、機能性表示食品において根拠とは言えないような根拠をもって効果効能を宣伝する例が増えるだろうことは、この時点ですでに予想されていたことなのです。

†機能性表示食品の導入

機能性表示食品制度は、2013年に安倍晋三首相（当時）の諮問機関である「規制改革会議」が作成した規制改革実施計画によって、アベノミクスの「三本の矢」のうちの経済成長戦略としてトップダウンで導入された制度です。先に述べたように、すでに相当緩い基準であったトクホの有効性の立証と安全性確保が、経済成長を妨げる過剰な規制と断定され、より簡単に、中小企業でも（無責任に）食品に効果効能を宣伝して売り上げを伸ばすことが可能となるようにと、導入が決められました。

短期間のうちに制度設計とパブリックコメントを済ませ、2015年4月より制度運用が始まりました。規制改革会議は、米国でたくさんの健康被害が報告されているダイエタリーサプリメントの制度をモデルとし、安全性を考慮した形跡はまったくありませんでした。そのため、安全性に問題のある製品が販売されるだろうことは、当初から予想されていました。

財政基盤の強固でない中小企業が、安全性に問題のある製品を販売して健康被害が出た場合、十分な補償がなされることはなく、消費者は泣き寝入りするしかありません。それが、消費者庁の管轄で推進されるという極めて矛盾した制度が、「経済成長戦略」の旗印のもと、できあがったのです。当時の消費者庁の説明は、以下のようなものでした。

機能性表示食品制度とは、国の定めるルールに基づき、事業者が食品の安全性と機能性に関する科学的根拠などの必要な事項を、販売前に消費者庁長官に届け出れば、機能性を表示することができる制度です。

特定保健用食品（トクホ）と異なり、国が審査を行いませんので、事業者は自らの責任において、科学的根拠を基に適正な表示を行う必要があります。

事業者が消費者庁長官に届け出た内容は消費者庁ウェブサイトで誰でも確認できるので、購入や使用の際にこうした届出内容を確認して是非御活用ください。

問題は、この届出された情報が正しいかどうかは客観的に保証されていないためガイドラインを逸脱していること、あまりにも質が低いものが多いこと（消費者庁が事後に評価をする事業を別に行ってはいます）、届出情報を確認してから購入する消費者がほとんどいないこと、そして確認したとしても専門知識のない一般の消費者にはその内容を理解して判断するのが難しいこと、などです。

2024年に問題になった小林製薬の紅麹製品も機能性表示食品だったため、急遽機能性表示食品制度への対応が行われていますが、以前から問題は山積していました。そのうちのいくつかを紹介しておきましょう。

トクホで認められなかった製品が機能性表示食品に

株式会社リコムが、2009年に「蹴脂茶《しゅうしちゃ》」というお茶をトクホに申請しました。この製品はエノキタケ抽出物を含み、それがβアドレナリン受容体を刺激する作用があるため、体脂肪を減らすと説明されていました。

食品安全委員会は安全性評価で、βアドレナリン受容体を刺激するのであれば、その作用によって心血管系、泌尿器系、呼吸器系、生殖器系など多岐にわたる臓器に影響を及ぼす可能性があり、そのことに関する十分なデータがないため、安全性が確認できないと判断し、蹴脂茶はトクホとしては認められませんでした。

ところがリコムは、2015年4月15日に、同じ成分を含むサプリメントを機能性表示食品「蹴脂粒」として届け出たのです。機能性関与成分はキトグルカン（エノキタケ抽出物）：エノキタケ由来遊離脂肪酸混合物。表示しようとする機能性は「本品は、キトグルカン（エノキタケ抽出物）を配合しており、体脂肪（内臓脂肪）を減少させる働きがあります。体脂肪が気になる方、肥満気味の方に適しています」というものでした。

これに対して、消費者団体や有識者は問題があると指摘しました。ところが消費者庁は、検討の結果、安全性に問題はないとして届出を容認したのです。蹴脂粒の機能性表示食品としての届出は、2018年8月27日付で撤回されています。機能性表示食品制度が始まって間もなく起こったこの「事件」は、機能性表示食品制度がどういうものなのかを象徴する出来事でした。

食品安全委員会は、トクホとして申請された食品の安全性のみを評価します。有効性は評価しません。しかし、有効性と安全性は、実際のところそう簡単に切り離すことはできません。効果があるのなら副作用もある、というのが常だからです。

蹴脂茶に関しては、そもそも食品安全委員会の評価担当者が、おそらくその有効性を疑問視しています（トクホについては審議の内容は非公開ですが、概要の報告から推定できます）。そのため、「もし本当にβアドレナリン受容体作動作用があるのなら」という仮定のもとで、安全性に問題があるはずだと指摘しています。

実は、βアドレナリン受容体作動薬には、筋肉を増やすなどの目的でヒトや家畜で濫用されているものがあります。有名なのはクレンブテロールです。しばしばアスリートのドーピングや、豚に与えて赤身を増やすなどの違法行為が問題になっています。「本当に効果があれば」危険なのです。

一方、消費者庁の判断は、エノキタケ抽出物で特に何も起こっていないようだから安全性に問題はなさそう、というものでした。これは、このサプリメントに効果がないとわかっている、ということを意味します。

つまり、機能性表示食品による科学的判断のレベルは食品安全委員会の基準よりはるかに低く、消費者を騙してもいいものだと消費者庁がお墨付きを与えたようなものなのです。

†データベースで提供されている情報

機能性表示食品は、消費者庁のホームページで届出された情報を検索して確認することができます。しかし、届出された情報が必ずしも消費者の判断の参考にならない事例が多々見受けられます。具体的な例として、小林製薬の紅麹製品と医薬品を比較してみましょう。

小林製薬の紅麹を含む製品を消費者庁のホームページで確認してみると、機能性関与成分として「米紅麹ポリケチド2mg」と表示してありました。ポリケチドとは特定の構造をもつ天然物群の総称ですが、これだけでは何を指すのかわかりません。

届出情報を細かく見ていくと「モナコリンKを含み、それがHMG-CoA還元酵素を阻害するためコレステロール濃度を下げると考えられる」という記載があります。それなら最初からモナコリンKと書けばいいだろうと思われるのですが、モナコリンKは医薬品のロバスタチンのことですから簡単にはわからないようにしたかったのでしょう。HMG-CoA還元酵素阻害により血中コレステロール濃度を下げる医薬品は多数あり、世界中で広く使用されています。

医療用医薬品には、使用上の注意や、用法・用量、服用した際の効能、副作用などを記載した書面である添付文書というものがあり、それは医薬品医療機器総合機構（PMDA）のウェブサイトから検索することができます。

添付文書には、専門家が評価したうえで認可された医薬品についての重要事項の概要が記されています。その内容は常に改定されており、信頼できるものです。その中からHMG-CoA還元酵素阻害により血中コレステロール濃度を下げる医薬品の代表として、日本で長く使用されてきたメバロチン（一般名：プラバスタチン）を選んでみてみましょう。この二種類のデータベースでの公開情報を並べてみたのが図表2-3になります。

医薬品は錠剤に含まれる賦形剤（でんぷんのような、錠剤としての形を作るために使われる成分、純度等は薬局方に規定されている）以外の成分はすべて有効成分です。不明の成分はありません。一方サプリメントは、含まれることがわかっている成分は200mg中わずか2・023〜2・45mgで、しかも一定ではありません。臨床試験の結果や使用歴も、医薬品のほ

図表 2-3　健康食品と医薬品

製品	紅麹コレステヘルプ	プラバスタチンナトリウム錠
会社	**小林製薬**	第一三共
規格	**3 粒 200 mg 中ポリケチド 2 mg・アスタキサンチン 0.023–0.45 mg**	1 錠中有効成分 5 mg 賦形剤
使用量	**1 日あたり 3 粒**	10 mg を 1 回または 2 回に分け経口投与
販売開始	**2018 年**	1989 年
安全性・有効性	**2 試験 103 人**	6 つの試験 1629 人
効果	**あいまい**	明確
市販後調査	なし	7832 人平均 5.3 年
1 日あたりの費用	**110 円**	約 10 円（3 割負担）
医師のフォローアップ	なし	あり
副作用被害救済	なし	あり
毒物の混入	あり	なし

＊機能性表示食品データベースに掲載されているのは太字部分のみ

うが質と量で圧倒しています。医薬品は明確に有効な上、保険が適用されるため、消費者が負担することになる費用も医薬品のほうが少なく済みます。

もしも、コレステロールが気になるという人がこの表のデータを見せられたら、最後の行の「毒物の混入」がなかったとしても、医薬品を選ぶと思います。機能性表示食品のほうが優れている点は、一つもありません。ところが、実際にはサプリメントを使っていた人がたくさんいました。どうしてでしょうか。

その理由は「情報」です。サプリメントは一般向けに膨大な広告宣伝費を使って宣伝されています。一方で、医療用医薬品は基本的に一般向けの宣伝は禁止されています。

消費者は、医薬品の情報は病気になったときに医師や薬剤師から聞けばいいので、使っていない医薬品の情報を知る必要性はありません。ところが健康食品は、広告宣伝によって消費者に偏った断片的な情報を与え、商品を買わせます。

機能性表示食品では届出情報を検索すれば情報が得られ、それを見て消費者が判断できることになっていますが、実際にデータベースを見る人はごくわずかです。そしてデータベースで届出情報を見たとしても、記載されている情報は表のうち太字部分のみです。細字で記載した、判断にあたって参考になるだろう重要な情報は、他に医薬品があるという知識がなければわかりません。この状況をみて、適切な情報提供がなされていると考える人はいないでしょう。

†ガルシニア

厚生労働省がこれまで健康食品について注意喚起した数少ない事例として、2002年3月のガルシニアの事例があります（第五章参照）。ガルシニアとはガルシニア・カンボジアという植物の実に由来するもので、有効成分のヒドロキシクエン酸が体脂肪の蓄積を抑制すると宣伝され、ダイエットなどの健康食品などに使われています。

注意喚起の理由は、国立医薬品食品衛生研究所で、ガルシニア抽出物のラットに対する1年間の毒性試験を実施した結果、ラットの精巣に影響が認められた（精細管の萎縮、生殖細胞の消失）という中間報告があったためです。この結果を受けて、薬事・食品衛生審議会食品衛生分科会毒性・新開発食品調査部会合同部会で検討がなされ、消費者が過剰摂取しないよう、適切な情報提供を行うことになりました。注意内容としては、以下の3点が挙げられました。

①過剰摂取を控える旨の注意喚起を表示や説明書等により、当該食品を利用する消費者に見やすくかつわかりやすく行うこと。
②ホームページ等を通じて、一般の消費者にも過剰摂取を控える旨の注意喚起に努めること。
③現在流通している健康食品の摂取目安量の上限と考えられる値（ヒドロキシクエン酸に換算して1日1人当たり1・5g）を超えている場合は、摂取目安量を減少させること。

ラットでの試験では、飼料に0、0・2、1・0および5・0％の割合でガルシニア抽出物を混入し、52週間食べさせました。その結果、5・0％の投与群（平均摂取量は2460・9mg／kg／日）の雄で、精巣への影響が強く示されました。また、さしあたりの無毒性量は1・0％（平均摂取量は462・6mg／kg／日）とされています。なお、体重および餌を食べる量にガルシニアによる差はみられませんでした。

つまり、ガルシニアを含む健康食品で宣伝されている食欲抑制や脂肪燃焼のような作用は、大量に投与した場合でもみられない、ということになります。要するに、効果はない。効果はないのに有害影響だけはあるよ、と注意喚起したわけです。

ところでこのガルシニアは、機能性表示食品として届出されているものがあります。消費者庁のホームページで検索すると、2024年8月時点で26件の登録がありました（すべてが販売中というわけではありません）。その詳細情報を見てみると、消費者向けの情報として、安全性に関する基本情報の項目に以下のような記載があります。

機能性関与成分であるガルシニア・カンボジアについての各種データベースや、二次情報の調査を行いました結果、厚生労働省より「ガルシニア抽出物を継続的に摂取する健康食品に関する情報提供について（食発第0307001号平成14年3月7日）」という通知が出されていることがわかりました。その中で「ガルシニア抽出物を継続的に摂取する健康食品の摂取目安量については、中間報告書に記載されているように、ヒドロキシクエン酸に換算し、1日1人当たり0・5g〜1・5g程度」とされています。当該製品の一日摂取目安量あたりのヒドロキシクエン酸量はこの目安量範囲内であり、一日摂取目安量をお守りいただくことにより、安全に摂取いただけると考えています。

厚生労働省の通知の目的は、毒性影響の可能性があるのであまり使わないように注意することでした。注意喚起にあたって、現在使用している人がパニックに陥らず、冷静に対処してもらうための安心情報として、「さしあたりの無毒性量」を示したのがもとの文章です。ところがそれが文脈から切り離されて、あたかも一定量以内なら安全性が確認されている情報であるかのように記載されています。

これを見た消費者は、厚生労働省が安全だと認めているのだな、と思うでしょう。届出情報をさらにすみずみまで見ていくと、ヒトでの有害事象報告やラットでの精巣への影響も記載されていますが、届出をした企業は、消費者向け情報としては必要ではないと判断した、ということです。

これは、医薬品の安全性情報の提供とはまったく考え方が違います。たとえ稀な事象であっても、有害影響の可能性があれば消費者には情報提供して、有害影響の兆候を見逃さないようにするのが安全性確保の基本です。

これは、何らかの理由で有害事象の出やすい人がいて、気がつかないまま使い続けて取り返しがつかないことになる、などということを防ぐためです。しかしながら、健康食品の事業者はそうは考えないようです。

そしてこの動物実験では、ガルシニアが体重と餌を食べる量のどちらにも影響がなかったことは、有効性の部分にも記載されていません。いろいろな薬が実験動物で有効でも、ヒトでは効果がない場合が多く、動物実験はあまりあてにならない、ということはよく言われますが、ヒトで効果のあるものをラットに大量に投与したらほぼ間違いなく効果がみられます。ラットへの大量投与で効果がないという情報は、有効性の判断にとっては重要です。それを消費者に伝えないのは意図的としか思えません。

なお、ガルシニアは海外で薬物性肝炎の有害事象が比較的多く報告されていることで有名なサプリメントです。直近では、2024年8月にオーストラリアの薬品・医薬品行政局（TGA）が、オーストラリアの1人を含む5人がガルシニア摂取後重い肝障害になり肝臓移植を必要としたなどの情報があったため、現在肝臓に問題がある、あるいはかつてあった人はガルシニア関連成分を含むサプリメントを避けること、といった警告を改めて発しています。

機能性表示食品制度では、健康被害などの情報があれば速やかに対応することになっているはずですが、現在ガルシニア製品を販売している企業が、今後どのように対応するかは注視しておいたほうがいいでしょう。このような重大情報に気がつかないのであれば、健康に影響するような製品を売る能力がないですし、もし気がついていて無視するのであれば消費者の健康を軽視する業者であるということを意味します。

†届出された科学的根拠の質

消費者庁に届出された情報はだれでも閲覧可能なので、その内容を第三者が検証することが可能です。実際に消費者庁も、お金を出して大学機関などの研究者に検証を依頼しています。

そのような検証事業を手掛けている東京農業大学の上岡洋晴氏が、機能性表示食品制度で科学的根拠として届出されたシステマティック・レビューや臨床試験の質を、継続的に評価して報告しています。

同氏の報告によると、届出されたシステマティック・レビューや臨床試験は、報告の質、研究の質において不備が多いことが初期から明らかでした。そして外部機関や消費者庁から何度も指摘があり、ガイドラインが更新され、改善を求められてきました。それにもかかわらず、報告の質も研究の質も改善しておらず、むしろ低下しているというのです。

これについては、他の製品の届出内容を見て、この程度のレベルでいいのだと学習したためではないかとも考察されていますが、業界の体質を如実に示すものだと思います。医薬品の申請書類にせよ、学術論文にせよ、科学を実践している場合には、経験を積むことによってレベルが上がるのが普通です。そもそも、なんの気なしにただ毎日を送っているだけの普通の人でも、日々いろいろなことを経験し、改善していれば、知らぬ間に効率やレベルを上げていくものでしょう。

熟練するにしたがって質が低下するというのは、質の低下を目指したからにほかなりません。それは消費者の健康よりも、いかに手を抜いて売り上げを伸ばすかが優先されていることを意味します。やはり機能性表示食品は、経済活性化のための制度だというわけです。

研究の質の問題を指摘して論文として発表しているのは上岡氏だけではありません。京都大学の片岡裕貴氏のグループも、開発業務受託機関（CRO）により実施された機能性表示食品の臨床試験の論文およびそれをもとにした広告に、優良と誤認させる要素が多く含まれることを明らかにした論文を発表しています。

そこではたとえば、試験食品を摂取して4週間後に腹囲が減っていたとしても、体重や内臓脂肪、体脂肪率が減っていないのに腹囲が減ったことだけを強調するといったことが行われていることが指摘されています。

とはいえ、実はこれと同様のことは、トクホでも見られたことでした。ただトクホの場合は、根拠となった情報がすべて開示されているわけではないため、未公表データがあると反論される可能性があり、追及されにくかったのです。そういう意味では、公開性という点において、機能性表示食品制度はトクホより優れているかもしれません。公開された事実がひどいものだっただけです。

†消費者庁より優良誤認として指導された機能性表示食品の例

機能性表示食品は、企業が製品に表示する文言などを届け出るものですが、届出をした内容とは違う宣伝をしていることも珍しくありません。

図表2－4は2021（令和3）年4月1日から翌年3月31日までの、消費者庁における景品表示法の運用状況等を取りまとめた資料から、「令和3年度において消費者庁により指導が行われた主な事件（1）表示事件ア　第5条第1号（優良誤認）」として紹介されていた事件のうち、機能性表示食品に関するものを抜粋したものです。

機能性表示は企業自身で届出しているため、その内容を知らないということはありません。それとは異なる宣伝をしているのは、消費者を騙す意図があったとしか言いようがないのです。

消費者が、消費者庁のデータベースで届出された情報を確認することは滅多にないということが、消費者庁の調査で明らかになっています。例えば2023年度の食品表示に関する消費者意向調査報告書によると、機能性表示食品の届出情報を消費者庁ウェブサイトで確認できることを知っている消費者は、わずか12・9%でした。知っていると回答した消費者のうち、実際に消費者庁ウェブサイトで確認したことがある人はその半分しかいませんでした。事業者はその実態を知っていて届出された内容と違う宣伝をしている可能性があるわけです。

†さくらフォレスト事件

2023年（令和5）年6月30日、さくらフォレスト株式会社が供給する「きなり匠」および「きなり極」と称する機能性表示食品に係る表示について、措置命令が出されました。消費者庁に届出された機能性についての科学的根拠が、表示に対応する合理的な根拠として認められない、と判断されたのです。

ASは，機能性表示食品（以下「本件商品」という.）を販売するに当たり，自社ウェブサイトにおいて，○年●月◎日，イギリスの権威ある科学雑誌「▲▲」に□□大学▼▼教授（当時准教授）の××に関する論文「××が，アルツハイマー型認知症の△△の記憶を正常に戻した」が掲載されました，ヒトでの臨床試験結果により，認知機能を維持する機能が証明，××エキスで認知機能が大幅に改善！等と表示することにより，あたかも，本件商品を摂取すればアルツハイマー型認知症を治療又は予防する効果が得られるかのように示す表示をしているところ，実際には，本件商品は，機能性関与成分の機能性及び記憶力の衰えを感じる中高年の方に適した食品である旨の機能性表示を行う旨を当庁に届出しているものにすぎず，本件商品の表示は，機能性表示食品として届出された本件商品の機能性の範囲を逸脱したものであり，表示どおりの効果が得られるとまでは認められるものではなかった.
ATは，機能性表示食品（以下「本件商品」という.）を販売するに当たり，自社ウェブサイトにおいて，認知症予防の救世主○○，脳疲労は万病のもと！××で脳の酸化を防ぎましょう，高齢者の「徘徊」「転倒」に関連する「場所を認識する能力」が改善，脳にストレスを与えず脳を癒す生活を心がけることが生活習慣病や認知症などの予防・改善に有効等と表示することにより，あたかもアルツハイマー型認知症を治療又は予防する効果が得られるかのように示す表示をしていたが，実際には，本件商品は，機能性関与成分の機能性及び認知機能の一部である，空間認知能や場所を理解する能力といった記憶力を維持する機能がある旨の機能性表示を行う旨を当庁に届出しているものにすぎず，本件商品の表示は，機能性表示食品として届出された本件商品の機能性の範囲を逸脱したものであり，表示どおりの効果が得られるとまでは認められるものではなかった.

出典：消費者庁ホームページ
https://www.caa.go.jp/notice/assets/representation_230922_01.pdf
（2024年11月18日閲覧）

図表 2-4　令和 3 年度に消費者庁より優良誤認として指導された機能性食品表示の例

事件概要
AP は，機能性表示食品（以下「本件商品」という．）を販売するに当たり，自社ウェブサイトにおいて，認知症の代表的疾患であるアルツハイマー病は，記憶をつかさどる海馬の萎縮が脳全体で起きることにより発症，海馬の萎縮は，脳細胞を死滅させてしまう『アミロイドβ』というタンパク質が 40 代から数十年かけて脳に蓄積していくことで引き起こされると分かっています．そのため，認知機能を維持しておくためには少しでも早めの対策が必要です等と表示することにより，あたかもアルツハイマー型認知症を予防する効果が得られるかのように示す表示をしていたが，実際には，本件商品は，機能性関与成分の機能性及び記憶力の衰えを感じる中高年の方に適した食品である旨の機能性表示を行う旨を当庁に届出しているものにすぎず，本件商品の表示は，機能性表示食品として届出された本件商品の機能性の範囲を逸脱したものであり，表示どおりの効果が得られるとまでは認められるものではなかった．
また，機能性表示食品として国に認められています，機能性表示食品とは安全性，科学的根拠を満たし，適切に情報提供を行うことが消費者庁により確認された商品です等と表示し，あたかも，本件商品は国による審査及び認定を受けたものであるかのような表示をしていたが，実際には国による審査及び認定を得たものではなかった．
AR は，機能性表示食品（以下「本件商品」という．）を販売するに当たり，自社ウェブサイトにおいて，毎日の食事に含まれる脂肪を半分以上カット，1 日 2 粒‼ 食べたことをなかったことに等と表示することにより，あたかも，本件商品を摂取すれば，本件商品に含まれる成分の作用により，毎日の食事に含まれる脂肪の吸収を半分以上抑制する効果が得られるかのように示す表示をしていたが，実際には，本件商品は，食事後の中性脂肪や血糖値が気になる方に適した食品である旨の機能性表示を行う旨を当庁に届出しているものに過ぎず，本件商品の表示は，機能性表示食品として届出された本件商品の機能性の範囲を逸脱したものであり，表示どおりの効果が得られるとまでは認められるものではなかった．

「きなり匠」は、ＥＰＡ・ＤＨＡで中性脂肪を下げること、モノグリコシルヘスペリジンで血圧を低下させること、オリーブ由来ヒドロキシチロソールでＬＤＬコレステロールを低下させることを表示したサプリメント、「きなり極」は、ＥＰＡ・ＤＨＡで中性脂肪を下げることを表示したサプリメントでした。措置命令の内容は主に二つで、一つは届出表示を逸脱した表示です。「血圧をグーンと下げる」という宣伝文句は、届出された表示ではありませんでした。

そしてもう一つは、届出された科学的根拠が合理性を欠いているというものです。具体的には、根拠とされている資料で使われているＥＰＡ・ＤＨＡの摂取量が実際の製品の２倍であること、システマティック・レビューが適切に行われていないことが指摘されました。

先述の通り、広告の逸脱表示はこれまでも何度も指摘されていますが、科学的根拠に対する措置命令は珍しいことです。さくらフォレストは、指摘された２製品の機能性届出を撤回しました。

さらに、問題はさくらフォレストの２つの製品にとどまりませんでした。ＥＰＡ・ＤＨＡ、モノグリコシルヘスペリジン、オリーブ由来ヒドロキシチロソールは、他の機能性表示食品の関与成分としても届出されていたのです。消費者庁は措置命令の対象になった商品と同じ成分で、同様の科学的根拠に基づき届出されていた88製品に対しても、科学的根拠への疑義を指摘し、2週間以内に回答するよう求めました。何度かの催促を経て、結果的に88製品すべてが機能性届出を撤回しました。科学的根拠があると主張したものは一件もありませんでした。

機能性表示食品では、どこかの企業が何かの成分で届出をすると、あとから別の企業がその成分を含む製品で、そっくりそのままコピー&ペーストしたかのような届出がされることがよくあります。先発他社の届出は科学的におかしいのではないかと指摘して訂正する届出があってもよさそうなものですが、そのようなケースはなく、業界内にレベルアップを目指す意思がないことも明らかです。

†臨床試験受託会社による「有意差完全保証」広告

2023年3月、トクホや機能性表示食品をはじめとしたサプリメントや、飲料のヒト臨床試験を手がける受託会社オルトメディコが「ヒト臨床試験有意差保証プラン」という新サービスを発表しました。「業界初！　臨床試験の有意差を完全保証」と宣伝したところ、SNSで批判が殺到し、注目を集めました。

その内容は、機能性表示食品の届出のための臨床試験を有意差が出るまでやり直し、その後の論文執筆や届出までするというもので、明らかな研究不正を堂々と宣伝していたからです。批判を受けて、同社はサービスの名称を「ヒト臨床試験安心プラン」に変更したものの、その説明には有意差を出すための工夫をする旨の記載があり、科学ではないことを白状していました。

トクホや機能性表示食品の導入により、この手の臨床試験受託会社が、都合のいい結果を出すためのノウハウを蓄積してきているのが現状です。測定項目をたくさん設定して多重検定することで、どこかで有意差が出るようにする、比較対象を対照群ではなく個人の前後にするといった手口はよく見られます。

また、医薬品の臨床試験ではできるだけ多様な人を参加させるように指導されるのですが、機能性表示食品の場合、身長も体重も極めて均一な人だけで試験をしているものがあります。こうした「ハッキング行為」は研究不正の一種です。このようなやりかたで発表された論文は再現性がなく、科学の進歩に貢献するどころか足を引っ張るものです。しかし、臨床試験受託会社の目的は科学への貢献ではなく企業利益なので、気にならないのでしょう。

†ますます増える「いわゆる健康食品」

機能性表示食品の導入の際に、機能性表示食品制度ができれば「いわゆる健康食品」は誰も買わなくなり、市場からなくなるという主張がありました。しかしそのようなことはなく、機能性表示食品といわゆる健康食品は区別されないままどちらも増加し、健康機能の広告宣伝はますます増えています。それは皆さんも実感していることでしょう。

いわゆる健康食品にはもともと問題のあるものが多く、しばしば不正行為を摘発されてニュースになっています。これまでの例をいくつか紹介します。

バイブル商法

少し古い事例ですが、アガリクスのバイブル商法を行っていた事業者が逮捕されたという事件が2005年にありました。アガリクスサプリメントで「末期がんが治った」という奇跡の体験談を記載した書籍を刊行していた出版社・史輝出版と、刊行物に封入したしおりで読者に連絡先を知らせ、アガリクスを販売していたミサワ化学の役員らが逮捕されました。そのほか、書籍を執筆していたゴーストライター、本の監修者であった大学教授も書類送検されたのです。史輝出版の社長には、2007年に執行猶予付きの有罪判決が出ています。

本に出てくる体験談はすべてでっちあげでした。食品に直接表示することができない効果効能を、表現の自由がある出版物の形で宣伝するという手法を「バイブル商法」といいます。アガリクスの場合は特に悪質だったために逮捕に至りましたが、この手法は今でも広く使われています。

単純に「〇〇は素晴らしい」と褒めたたえ直接宣伝する本ばかりではありません。食品添加物や残留農薬の危険性を訴える本のような体裁で、普通の食生活では避けられない「毒」をデトックスする製品はこれです、と宣伝するようなものもあります。

一般の書籍や、大手新聞社の広告欄に掲載されている広告が、すべて根拠のある信頼できるものとは限らないことに注意してください。残念ながら、大学教授の肩書でさえ、いつも信頼できるとはいえません。

なおアガリクスは、かつて免疫機能を強化してがん細胞をやっつける作用があるといった宣伝で流行していたことがあります。ですが、2006年に当時広く流通していた製品のうち代表的なものである「キリン細胞壁破砕アガリクス顆粒」が、ラットを用いた多臓器イニシエーション処置を行った試験系で発がん促進作用がみられたため、厚生労働省が注意喚起をしました。これはあらかじめ発がん物質を投与するというやや特殊な試験系で、製品の摂取目安量の約5倍から10倍と多い量を与えているため、ただちにヒトへの影響を懸念する結果ではないという旨が付け加えられています。

ただ、人間は日常生活で常に発がん物質にばく露されていますので、これはまったく意味のない実験というわけでもありません。がんに効くと宣伝されて販売されているものが、がんを促進する可能性があるというニュースは、使用者にとってはショックだったと思います。この製品については、厚生労働省が食品安全委員会に食品健康影響評価を依頼しましたが、データが不足していることから食品健康影響評価は困難であると結論づけられました。

問題の商品については、キリンウェルフーズ株式会社が、製品の販売中止と自主回収を行いました。キリン以外の製品では、発がん促進作用は報告されていないのですが、これをきっかけにアガリクスサプリメントのブーム全体が縮小していきました。

アマメシバ

いわゆる健康食品による過去の健康被害として、決して忘れてはならないのがアマメシバの事例です。厚生労働省が食品衛生法に基づき食品としての流通を暫定禁止する措置をとった、数少ない例の一つでもあります（もう一つはコンフリーです。第四章参照）。

アマメシバ（学名：サウロパス・アンドロジナス）は、インド、マレーシア、インドネシア、中国、ベトナムなどで炒めたりスープに入れたりして食べられていたものでした。それが

1982年ごろ台湾で、痩せると宣伝されてブームになり、たくさんの人がジュースなどにして生で摂取するようになりました。加熱調理して食べていた野菜を、生のままミキサーにかけて青汁として飲む、といったイメージでしょうか。

その結果1994年から95年にかけて、アマメシバの摂取と関連が疑われる肺機能障害の事例が多数報告されました。1996年の台湾衛生署の報告によれば、患者数は278人、そのうち9人が死亡、8人が肺移植を受けたそうです。

このアマメシバが、1996年ごろから沖縄で栽培されるようになり、健康食品として売り出されるようになりました。当時は健康雑誌がブームで、各種健康法を紹介する専門誌が大手出版社から複数定期刊行されていました。

アマメシバは、主婦の友社が発行する雑誌『健康』に「新・特効野菜【あまめしば】の大評判効果」という特集で紹介され、「末期ガンから元気に回復」「便秘が解消。自然にやせて17kgのダイエットにも成功した」「【あまめしば】で十二指腸潰瘍が改善。寝たきりの状態だった友人もすっかり元気になった」「血圧が下がった」など、虚偽の記載で効果効能が宣伝されました。

その雑誌で特定企業のアマメシバ製品が読者へのプレゼントとして紹介されており、そのアマメシバ乾燥粉末製品を記載の指示通りに毎日スプーン一杯摂取した母と娘が、閉塞性細気管支炎による呼吸困難で身体障害者等級による種別3級の認定を受けています。この母娘を含めて日本での被害者は8人、そのうち3人が死亡、1人が肺移植をしています。被害者は全員女性で、死亡者の中には20代という若い人も含まれていました。アマメシバの総摂取量が300gという比較的少ない量でも発症しています。

この事例から学ぶべきことはたくさんあります。

まず、加熱調理して食事の一部として摂取してきた食経験がある食材であっても、生や乾燥粉末で食べて安全であるとは言えないこと。食経験があるとみなすことができるのは、食べ方や量が同じとみなせる場合だけです。

次に、台湾で多数の健康被害が出ているにもかかわらず、日本で警告されなかったこと。販売事業者は都合の悪い情報は隠す、あるいはあえて伝えないことがあります。

また、雑誌に書いてあることがほとんど嘘でも、出版社の責任を問うのは難しいこと。食品の表示だったらとうてい認められないような効果効能の宣伝が、本や雑誌の誌面でされていることもあります。先に述べた通り、バイブル商法として知られています。

そして、深刻な健康被害を被っても、公的補償制度はないので消費者が裁判に訴えないかぎり損害賠償は受けられないことが多いということ。虚偽の宣伝で商品を販売していたような企業が自主的に、被害者の満足するような形で補償をすることは、あまり期待できません。

†機能性表示食品は「気のせい食品」?

この章のまとめとして、健康食品業界の人が話していた「機能性食品は気のせい食品」という言葉を紹介しておきましょう。

食品には健康維持に必要な栄養が含まれます。そういう意味では、すべての食品が健康(のために必要な)食品です。また健康食品は健康な人しか対象にしていないので、健康(な人用の)食品でもあります。健康食品に宣伝されている各種の効果効能のおかげで健康になったと考えているとしたら、それはまさに「気のせい」です。気のせいだけならいいのですが、なかには健康に害があるものも存在します。

健康食品の本質は、製品そのものというより、それに加えられている情報、つまり莫大な広告宣伝費のほうにあるのです。

第三章

食品が安全ってどういうこと?

†食品は未知の化学物質のかたまり

私たちは毎日食品を口にしていて、食品が安全なのは当然のように思っています。そして学校で栄養や食育をテーマにした学習があったり、ときに食品安全問題のニュースを聞いたり本や雑誌で読んだりして、自分は食品の安全についてはよく知っていると思っているかもしれません。

でも実際に食品安全についての知識が必要な仕事をしてみると、知らなかったことや誤解していたことがたくさんあることに気がつくと思います。食品は私たちにとってあまりにも身近なので、ついわかっているような気になってしまうのです。そこでこの章では、食品の安全性についての基本を簡単におさらいしてみようと思います。

食品とは、私たち人間が生きるために食べてきたいろいろなものを指します。栄養があったり一部の化合物の構造がわかっていたりする場合もありますが、基本的には未知の化学物質のかたまりです。

どういうものが食品なのかという決まった定義はなく、時代や文化によって食べられるとみなされるものが違うこともあります。たとえば、日本人はフグを食べますが、多くの国ではフグは毒があるので食べられない魚です。一方で、毒キノコを食品として売っている国もあります。

一般的には食べて具合が悪くなるようなものは食品とはみなされません。今まで食べてきた経験、つまり食経験があるので、これは食べられるものだと考えられているわけです。でも食品添加物や残留農薬、あるいは動物用医薬品のような、事前に安全性の確認が必要なものとは違って、食品そのものは長期の安全性試験や成分分析をしてから食べられると判断しているわけではありません。そのため、現在流通している食品がどこまで安全なのか、実際のところはわからないのです。

食経験とは、過去の経験に基づくものです。そのため、たとえば病気を抱えた高齢者のような人など、過去の事例があまり蓄積されていないケースにおいても安全といえるか、完全にはわかりません。言ってみれば、人体実験をしているようなものなのです。

†透析患者で健康被害が多く出て毒キノコと判明したスギヒラタケ

2004(平成16)年に、秋田県を中心にスギヒラタケというキノコを食べて脳症になる事例が多発し、死亡者も出ました。最初のうちは被害者の多くが透析患者だったため、腎機能に障害のある人がスギヒラタケを食べると健康被害につながるのかもしれないと考えられました。しかし、その後調べてみると、透析患者でない人でも脳症で亡くなっていた事例がわかりました。そのため現在では、スギヒラタケは食用に適さないキノコとして、食べないように注意喚起がされています。

この事例は、脳症がキノコによる中毒症状だとは思われなかったためにそれまで見過ごされてきたものが、透析患者という被害が現れやすい人たちに集団発生したため注目され、発見されたと考えられます。スギヒラタケは他の有名な毒キノコと違って、明らかに毒性の強い物質が含まれていません。そのため、「原因不明」という扱いになっていました。

これを不思議に思った研究者たちは、研究を続けて、2022年になってスギヒラタケ中の3つの物質が急性脳症の発症に関与する、というメカニズムを提唱しています。このように、有害だとわかっても原因をつきとめるのは簡単ではないのです。

スギヒラタケの事例からは、食品由来の中毒症状なのにそれと気がつかず、見過ごされているものが他にもあるだろうことが考えられます。持病のある高齢者が増えると、「食べられない食品」は今後もっと多くみつかるかもしれません。

†発がん物質

「発がん物質」と聞くと、とにかく食品に入っていてはいけないものだと思われるでしょう。「発がん物質」という表現は、しばしばセンセーショナルなニュースの見出しなどで使われますが、実際には食経験ではわからない食品の有害影響の代表的なものです。つまり、普通の食品の中に、発がん物質はたくさん含まれているのです。

発がん物質は、継続して長期間摂取することによってがんを誘発します。通常、がんができるまでには、強い発がん性があっても数十年かかります。そのため、寿命が短い時代の経験ではわからないことが多く、これが問題になることはありませんでした。生まれたときから食べ続けて、70年後にがんになるリスクが上がる物質があったとしても、それが問題になるのは寿命が70歳を超えるような社会であることが前提となります。

食品添加物だと発がん性の疑いがあるものは使用が認められていませんが、食品そのものには発がん物質を含むものがごく普通に流通しています。あなたが家庭菜園で育てた自慢のハーブにも、発がん物質が含まれるものがあるかもしれません。

†「食品安全」の意味

国際流通する食品の規格を決めている国際組織であるコーデックス（CODEX）は、食品安全について、「意図された用途で、作ったり食べたりした場合に、その食品が消費者へ害を与えないという保証」と定義しています。

注目すべきポイントは二つあります。

まず「食品は意図された用途に従って食べてください」という点です。食品は口から食べるものであって、皮膚に塗ったり注射したりするものではありません。小麦成分を含む石鹸で小麦アレルギーになった事例がありますが、化粧品や日用品に食品を使うのは避けたほうがよいでしょう。また、最近の日本では、鶏レバーを生で食べてカンピロバクターやサルモネラ中毒になった、といった食中毒が後をたちません。生の肉にはもともと菌がいるので、ちゃんと加熱してから食べてください。野菜や果物も食べる前にはよく水洗いしましょう。食品の包装に記載されている消費期限や保管温度などは指示に従いましょう。そしてアレルギーのある人は、アレルゲンとなる食品を避ける必要があります。このように、食品は適切に取り扱うことが前提になります。

そのうえで、二つ目の「その食品が消費者へ害を与えないという保証」というポイントですが、これは「その食品のリスクが許容できる範囲内である」という意味です。まったくリスクがない、ゼロリスクのことを「安全」というわけではないのです。

†リスクとは何か

では、「リスク」とは何でしょうか。似たような言葉に「ハザード」というものがありますが、この二つは違う、ということをしっかり覚えてほしいと思います。

ある物質がヒトや環境などに何らかの危害を及ぼすとき、その危害そのもののことを「ハザード」といいます。たとえば、「ある農薬は神経毒性がある」というような記述が、ハザードについての記述です。そのハザードが、どれだけの量を食べればどの程度の確率で起こるのかという、量的なことも含めたものが「リスク」です。リスクとハザードの関係は、このように表すことができます。

「リスク」＝「ハザード」×「ばく露量」

大量摂取で有害影響があるものでも、食べる量が極めて少なければリスクは小さく、毎日継続的に大量摂取するなら大きなリスクになります。私たちが日常生活を安全にするために管理したいのは「リスク」のほうです。

しかしながら、メディアなどでしばしば強調されるのは、ハザードのほうだけです。

たとえば、「ある食品添加物は発がん性がある！　だから食べてはいけない！」といった主張をよく目にします。でも実際には、それはネズミに大量に投与したらがんができた、でも私たちが食品から摂取している量はそれよりはるかに少ないのでリスクは小さいという傍点部分の事実は意図的に伏せられているわけです。

逆にサプリメントなどいわゆる健康食品の宣伝だと、「ある食品にはがんを抑える作用がある！　だから毎日食べよう！」などと言われたりします。ですが、それはヒトでは当てはまらないネズミに移植したがん細胞での実験で大量に投与した場合のことであり、実際にその食品に含まれる量はほんのわずかなので効果は期待できないことがよくあります。

いずれにせよ、私たちが実際に食べている量ときちんと比べることが重要です。量のことを明らかにしない情報は「消費者を騙そうとしているな」くらいの心構えでいたほうがいいでしょう。

†許容できるリスクとは

問題なのは、食品に「許容できるリスク」がどのくらいなのかということです。実はこれが食品の安全性を議論するときに一番難しいことで、教科書的には「その社会のみんなで決めていくもの」などと説明されたりします。というのも、食品に許容できるリスクの大きさというのは、時代や社会状況によって変化するもので、いつでもどこでも変わらないわけではないからです。

これは、貧しい国と豊かな国、あるいは災害時と平常時のように、食料が豊富に入手できるかどうかによっても変わります。日本でも、戦後まもないころの食糧難の時代と現在とでは、食品に要求する安全性の水準はまったく違います。日本を含めて多くの国で、社会が豊かになるとともに食品の安全性は向上し、食中毒による死亡者は減っています。

現在は、たとえば国際流通する食品の安全性の水準はこのくらい、といった専門家間での一定のコンセンサスはあるのですが、それが一般の消費者やすべての生産者に合意され共有されているかというと、必ずしもそうとは言えません。そのため、何かの事故や事件があって食品の安全性対策について議論するとき、消費者団体や事業者団体がそれぞれ想定する「許容できるリスク」のレベルが違うために、対策について合意が得られない、ということがしばしば起こります。

食品安全についての議論が混乱する、最大の原因がここにあると思います。例えば認可されている食品添加物を使用しないよう求めている人自身、それがどのくらいの大きさのリスクの話をしているのかを自覚していないこともあります。「許容できるリスク」は、一般的に人工物質について小さいのに対して天然物については大きく、外国産や目新しいものについて小さいのに対して国産や伝統のあるものに対して大きくなる傾向があります。それは必ずしも科学的根拠だけに基づいて解決できる問題ではないといえます。

†リスクアナリシスによる食品の安全性確保

食品の安全を確保するために世界中で採用されている仕組みが、食品安全リスクアナリシスです。日本では、BSE問題をきっかけとして2003年に食品安全基本法に基づき内閣府に食品安全委員会が作られ、それ以降、公式にリスクアナリシスによる仕組みが整備されています。

リスクアナリシスは、リスク管理・リスク評価・リスクコミュニケーションの3つの要素からなります。日本での各省庁の役割を含めて、図表3-1に示します。

「リスク評価」とは、主に食品安全委員会が行う、食品のリスクについての科学的評価です。ここでは基本的に、国民の健康保護が最も重要であるという基本認識のもと、リスク管理や産業振興のような仕事を担う他の行政機関とは独立して、科学的知見に基づき客観的かつ中立公正にリスク評価を行うことになっています。

BSE問題が起こったとき、畜産業界の振興や管理も仕事だった農林水産省がリスク評価も同時に担っていたために、判断が遅れたのではないかとの批判等があり、リスク評価を独立させる必要性が強く言われたことが、食品安全委員会設立の理由の一つです。

「リスク管理」とは、リスク評価の結果を受けて厚生労働省や農林水産省、消費者庁など

図表3-1　食品の安全を守る仕組み（Food Safety Risk Analysis）

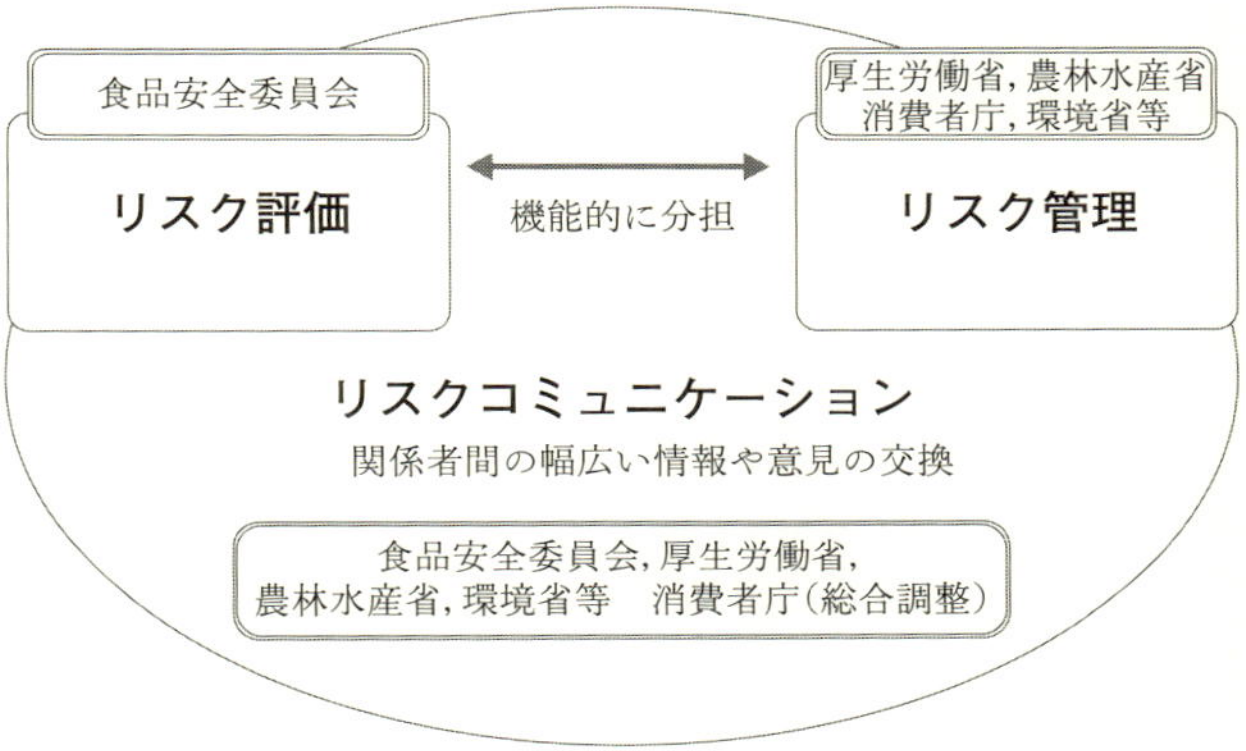

がリスク管理方法を決定し実行することです。食品安全委員会の評価をもとに残留農薬や食品添加物の基準値を設定したり、その基準が守られているかを監視したりすることなどが含まれます。

輸入食品が基準を守っているかは全国の検疫所で監視されています。農産物や家畜が栽培・飼育されている段階は主に農林水産省の管轄となり、食品として製造・加工され流通・販売・提供される部分は消費者庁や厚生労働省の管轄になります。実際に現場で指導・監督するのは地方自治体の農業指導員や保健所の職員などです。

そして「リスクコミュニケーション」は、生産者から消費者まで、すべての関係者が食品のリスクについて学び、意見を交換し、望ましい対応をできるようにすることを指します。2009年以降、消費者庁がこれを調整することになっています。

食品に関しては、食事をしない人はいないのですべての人が「関係者」です。そして食品にはよくわからないことも含めて膨大なリスクがあるので、それを適切に管理するための情報をみんなに納得してもらう形で届けるのはとても難しいことです。すべての人が自分にとって必要な正しい情報をもとに、適切に食品安全のための行動ができるようになることが理想です。

図では役所の役割としていますが、もちろんこのリスク評価・リスク管理・リスクコミュニケーションの役割は、食品事業者も担うべきものです。

農家は農薬や肥料など、基準に従って適切な資材を使って病害虫から作物を守り、農産物を栽培・収穫します。食品企業は、自社製品にどのようなリスクがあるのかを一番よく知っているでしょうし、最善の状態で消費者に届けるための条件を決めて販売します。飲食店でも業態に応じて食品衛生管理者を配置するほか、教育訓練を行います。

また、食品には販売されていないものも含めていろいろなものがあり、基本的には何を食べるかは個人の自由です。健康状態や嗜好をもとに、日々判断するのは自分自身になります。

食品はあらゆる関係者の善意を前提に安全性が確保されています。生産者から消費者まで、食品を安全にするための役割を果たすことが求められるのです。つまり、食品の安全を守るのは「みんなのしごと」だと言うことができるでしょう。

†食品に含まれるいろいろなもののリスク

先ほども書いた通り、食品は未知の化学物質のかたまりです。とはいえ、食品に含まれるものについてわかっていることもたくさんあります。これまでわかっていることについて、整理してみましょう。

食品に含まれるものは、安全管理の視点からは大きく2つに分けることができます。それは、意図的に食品に加えられるものと意図せず食品に含まれてしまうもの、です。

意図的に食品に加えられるもののうち、代表的なものが食品添加物や残留農薬、残留動物用医薬品です。これらは、ほぼすべての国で安全性に関するデータを評価した上で、安全と認められた場合のみ使用が許可される仕組みになっています。これらについての基本的な評価の考え方を図表3－2に示します。

農薬成分や食品添加物の安全性を評価するには、多くの場合、動物実験のデータを用います。動物に大量に投与すれば、どんなものでも何らかの有害影響が出ます。その有害影響が出るような投与量を含めて、動物に長期間にわたって食べさせて用量－反応関係を調

図表3-2　残留農薬や食品添加物のADI設定方法（概念図）

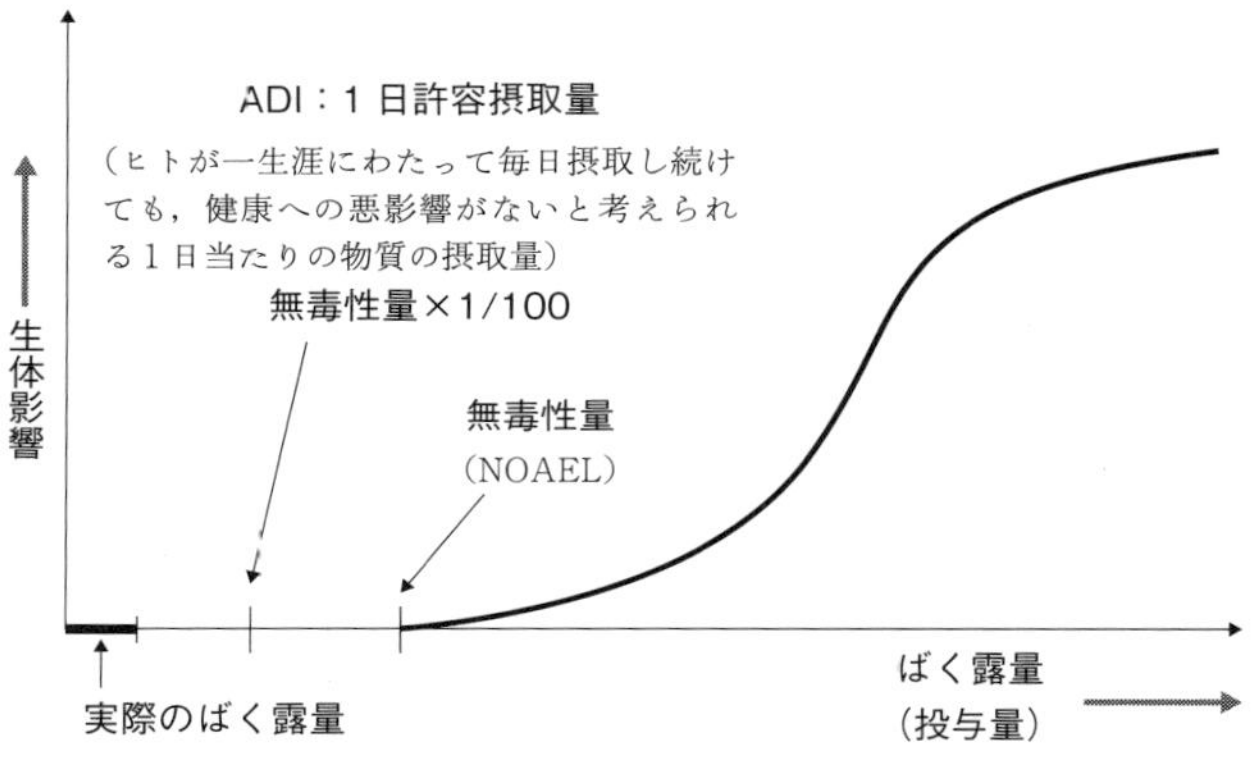

べます。

そして有害影響の出ない投与量である無毒性量（NOAEL：No Observed Adverse Effect Level）を決めます。NOAELに安全係数を用いたものが1日許容摂取量（ADI：Acceptable Daily Intake）です。

通常、動物実験のNOAELからADIを導くには、実験動物とヒトの種差と、ヒトでの個人差を考慮した100の安全係数が用いられます。データが十分でないときや、何か他に心配な材料がある場合には、さらに大きな安全係数が加えられることがあります。このADIを目安として、普通の食生活ではADIを超えることがないことを確認して食品添加物の使用基準や残留農薬の基準値が設定されています。

実際に基準を守っているかどうかは、市場や検疫所、自治体、企業など、さまざまなところで検査され、確認されています。そして、実際に食事から摂取している量についての調査も行われていて、通常ADIよりはるかに少ない量しか食べていないことが確認されています。もしADIを超えるようなことがあれば、基準が見直されます。

こうした方法で、意図的に食品に加えられるようなものによって消費者の健康被害が出ないようにしています。食品添加物や残留農薬のADIは、食品の中ではかなり特殊といえる低いリスクを目標に管理されています。しかしながら、極めて低いリスクで管理されているにもかかわらず、アンケート調査などでは、消費者が最も不安を感じているという結果が出ることが多くあります。それは、監視されているがために、基準違反のようなニュースが頻繁に報道されるせいかもしれません。

残留農薬の基準値や食品添加物の使用基準は、安全性の目安ではありません。そのため「基準違反イコール安全性に問題あり」というわけではなく、摂取量を考えてADIを超えなければ安全性には問題はないのですが、なかなかそのような報道はされません。

†リスクが高いのは意図せず食品に含まれてしまうもの

食品に意図せず含まれていて最も健康被害が大きいのは病原性微生物です。食中毒の原因の多くは微生物によるものです。

微生物による食中毒の予防には「つけない」「ふやさない」「やっつける」の3原則が重要です。これは微生物の種類にかかわりなく、すべての食品で注意してほしいことです。

正しい手洗いと食材の取り扱いで食中毒菌を「つけない」。適切な保存と調理で食中毒菌を「ふやさない」。十分な加熱や清潔な調理環境で食中毒菌を「やっつける」。この3つは食品安全の基本です。

それ以外にも、食品には食品そのものがもっている植物アルカロイドや、動物由来食品(肉・牛乳など)なら各種ホルモンのようなものが含まれます。もともと土壌に含まれている、地球の構成成分である重金属やダイオキシンのような環境汚染物質、カビ毒、あるいは調理によりできてしまうもののような意図しない物質も含まれていて、これらは総称して「汚染物質」と呼ばれます。

残留農薬や食品添加物については、事業者が評価に必要なデータを提出し、安全であることが確認できなければ使用は許可されません。しかし、汚染物質の場合は責任者がいるわけではなく、参照できるデータもあまりありません。そのため必ずしも簡単に排除できず、残留農薬や食品添加物と同じように管理することは不可能です。

†日本人はヒ素摂取量が多い

最近、欧米で最もリスク管理の優先順位が高く、削減する必要があるとみなされている汚染物質の代表がヒ素です。ヒ素は広く自然界に存在し、古くから知られた有害元素です。生物に対して毒性があるため、古くからその化合物は防腐剤や殺鼠剤《さっそざい》、医薬品としても利用されてきました。

一般的に無機化合物のほうが有機化合物より毒性が高いとされています。無機ヒ素の低濃度慢性ばく露による健康被害としては、皮膚障害やがんが報告されていて、無機ヒ素はヒトでの発がん性が確認されている遺伝毒性発がん物質です。

子どもでのばく露は、認知機能の発達にも悪影響があるとされます。大量摂取による急性中毒は、吐き気や下痢、おう吐などで、死亡することもあります。日本では、1955年に森永ヒ素ミルク事件、98年に和歌山カレーヒ素混入事件がありました。

地下水のヒ素濃度が高い地域は世界中に存在していて、ヒ素を含む水を飲料水にしたことによる健康被害が数多く報告されています。ヒ素のばく露源として世界的に重要なのは水ですが、日本では、水道水を使用している場合にはヒ素濃度は低く管理されているので心配はありません。

問題は食品です。食品では、魚介類や海草類、コメが主なばく露源です。つまり米を主食にして魚介類の摂取量が多い日本人の食事は、世界でもヒ素摂取量が多いほうなのです。さらに一般的に、魚介類中のヒ素は毒性の低い有機ヒ素ですが、ヒジキだけは毒性の高い無機ヒ素が多く含まれ、多くの国で食品としての販売は禁止されています。ヒジキの煮物を献立に入れるとさらに無機ヒ素の摂取量が増えるわけです。

†ヒ素のリスクへの注目

欧州食品安全機関（EFSA）は、2009年に食事由来の無機ヒ素についてリスク評価を行い、BMDL01として0・3〜8μg／kg体重／日という値を設定しました。これは疫学研究において、ヒトのがんが1%増加するヒ素摂取量の、統計学的な信頼区間のうち低い方の量という意味で、事実上発がん影響が確認されないぎりぎりの濃度といったところになります。

一方、国際機関であるFAO／WHO合同食品添加物専門家会議（JECFA）は、2011年にBMDL05として3μg／kg体重／日という値を出しています。こちらはヒトのがんが5%増加する量で評価しているので、BMDL05という表記になっています。そしてこの数μg／kg体重／日という量は、私たち日本人が毎日食事から摂取している量（食品安全委員会の2013年の調査事業で0・315㎍/kg体重/日）とかなり近く、1桁くらいしか余裕がないのです。

残留農薬や食品添加物の場合、毒性影響が出ない量から、種差や個人差を考慮して安全側に余裕をもたせるための安全係数100を用います。そのため、基準値の最大限の量を含むものを食べても、2桁以上の余裕があります。遺伝毒性発がん性の場合、残留農薬や食品添加物ではそもそも認可されませんが、安全係数は1万以上を目安にします。1万欲しいところで10未満というのは、小さいと判断されます。

JECFAの評価をもとに、コーデックスは、2014年に精米で0・2㎎/kg、2016年に玄米で0・35㎎/kgという無機ヒ素の基準値を設定しています。日本にはコメのヒ素基準は設定されていませんが、国内で流通しているコメの中には、これら基準を満たさないものもあるだろうと考えられます。つまり、すでに2010年代の評価において、日本人のヒ素の摂取量は国際的には多いほうで、削減が望ましいとみなされていました。

それが2021年にアメリカ食品医薬品局（FDA）が、議会からの要請もあってベビーフードのヒ素・鉛・水銀・カドミウムについては「よりゼロに近づける」という行動計画を発表し、これらの有害金属類への対策を強化することにしました。ヒ素について、具体的な目標となる数値は現時点ではまだ公表されていませんが、これまでより低い汚染レベルを目指すことが予想されます。

そしてEFSAは、2024年に無機ヒ素の評価を更新して、BMDL05（0・06μg／kg体重／日）という、これまでよりさらに1桁小さい値を安全の指針値としました。これによって日本人だけではなく欧州でも、ほとんどの人がヒ素の摂取量は「安全上懸念となる」ことになるのです。

そうはいっても、天然の食品に含まれているヒ素を減らすのは簡単ではありません。ヒジキはともかく、コメについては食べないという選択肢はありません。

もちろん、日本人のほとんどはこれまでコメを多く食べてきており、たいていの欧州各国より平均寿命は長く、食品中の無機ヒ素が大きな健康被害を与えているとは思えません。しかし、残留農薬や食品添加物のような、意図的に使用されている化学物質よりリスクが高いことは事実です。

農薬や添加物を心配するより、農林水産省が勧めている「より安全に食べるために家庭でできるヒジキの調理法」を実践したほうが、はるかに安全性が高まります。そこでは、乾燥ヒジキの無機ヒ素を減らす下処理の方法として、①水戻しする（5割程度減少）、②ゆで戻しする（8割程度減少）、③ゆでこぼしする（9割程度減少）の3つが紹介されています。

†健康食品として販売されているヒジキ粉末

ヒ素の事例をとりあげたついでに、本書のテーマである健康食品との関連で、知っておいてほしいことがあります。

ヒジキは、海外ではヒ素濃度が高いために販売できない国もあるようなハイリスクな食品ですが、日本では一部の人たちから「健康によい」と持て囃《はや》されてきた歴史があります。鉄やカルシウム、食物繊維が多いと宣伝され、ベビーフードにもよく使われています。

2015年に文部科学省が公表した日本食品標準成分表の改訂版で、ヒジキの鉄は実は下処理に用いた鉄鍋に由来する「汚染物質」であったことが発覚したときには、関係者に衝撃が走りました。溶出が少ない「安全な」鍋を使ったヒジキでは、鉄分が激減していたのです。

それでもヒジキを健康によいと宣伝する人たちは変わらず、ヒジキを粉末にしたものを「健康食品」として販売しています。あるホームページでは「乾燥ヒジキ粉末を一日に5g毎日味噌汁やスープなどの料理に加えてお使いください」などと勧めています。もちろんそこでは、ヒジキに含まれるヒ素のことは説明されていません。

乾燥ヒジキの無機ヒ素濃度は、100mg／kgくらいなので、5g食べると0・5mg（5

00μg）程度の無機ヒ素を摂ることになります。体重を50kgと仮定すると、10μg／kg体重／日の摂取量になります。これはEFSAの最新評価のBMDL05（0・06μg／kg体重／日）の166倍、JECFAのBMDL05（3μg／kg体重／日）の3・3倍です。もちろん、粉末ヒジキ以外からも無機ヒ素は摂取されるので、これは上乗せ部分だけの量です。それでも健康のためになると言えるでしょうか。

特定の成分だけに注目して、「〇〇が豊富なので健康によい」といった主張をする人たちの中には、それ以外の成分を無視している場合がしばしばあります。食品そのものについて、私たちはまだよく知らないのだという事実をけっして忘れないでください。知らないことがあるのに、すべてわかっているかのように語る人は詐欺師です。

†サプリメントなどいわゆる健康食品は最もリスクが高い

食品の安全性にとって最も大きな問題であるにもかかわらず、消費者があまり危機意識をもっていないのが、サプリメントなどいわゆる健康食品です。くりかえしますが、特定の物質による健康への有害影響の可能性（リスク）はそれを摂取する量が多いと大きくなります。つまり特定の成分をたくさん含むようなものを、普段の食生活では摂らないような形態で長期間摂取することになるいわゆる健康食品は、食品添加物や残留農薬や各種汚

図表3-3　残留農薬や食品添加物のADIといわゆる健康食品

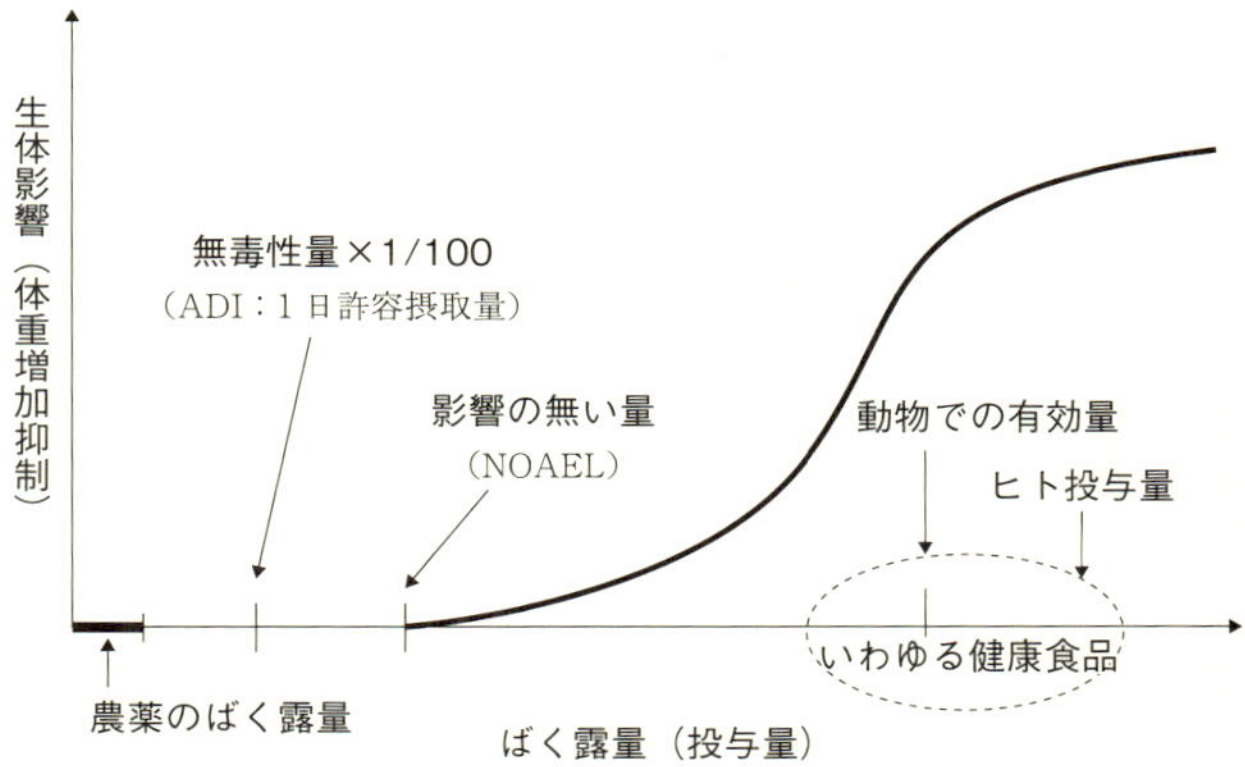

残留農薬や食品添加物と「分類」されていれば全く影響のない量の100分の1より少なくても「有害影響があるかもしれない」と心配する一方で，「いわゆる健康食品」に分類されれば動物での有害影響（体重増加抑制）が出る量以上に摂りたがる．

染物質と比較して、格段にリスクが高くなります。

食品添加物や残留農薬の基準値の設定方法の説明に使った図に、健康食品を加えたのが図表3-3です。例えば残留農薬の安全性試験においては、動物の体重増加抑制（体重の増え方がコントロール群より少ないこと。体重が減っていることではない）は有害影響とみなされるので、その影響が出ない量のさらに100分の1がADIとなります。

ところが、サプリメントでは体重の増加が抑制されることは望ましい「効果」とみなされることが多いのです。たとえ同じ物質であっても、残留農薬や食品添加物と「分類」されていれば、まったく影響のない量の100分の1より少なくても「有害影響があるかもしれない」と心配する一方で、いわゆる健康食品に分類されれば動物での有害影響（体重増加抑制）が出る量以上に摂ってしまっているのです。ちなみに体重が「減る」というのは極めて大きな毒性なので、そのような効果を謳った製品には絶対に手を出さないでください。食べて体重が減るようなものは、食品ではなくただの毒です。

実際世界中で、ときに死亡を含む消費者の健康被害がもっとも頻繁に報告されているのは、ダイエタリーサプリメントを含むいわゆる健康食品です。日本でも死亡例があります。アマメシバの事例は第二章で説明しましたが、無許可無承認医薬品や中国製ダイエット用健康食品による健康被害は第五章で説明しています。

†食品のイメージ

図表3－4に、食品についてのイメージを示します。食品安全について研究している専門家にとって、食品は右側の灰色の○のような、よくわからないグレーの中に、リスクがわかっているものがいくつか含まれる、というものです。食品添加物や残留農薬のようなものは、バックグラウンドである食品そのものよりもはるかに安全性が高くなるように厳しく管理されているので、背景の色より薄いグレーに

図表 3-4　食品のイメージ

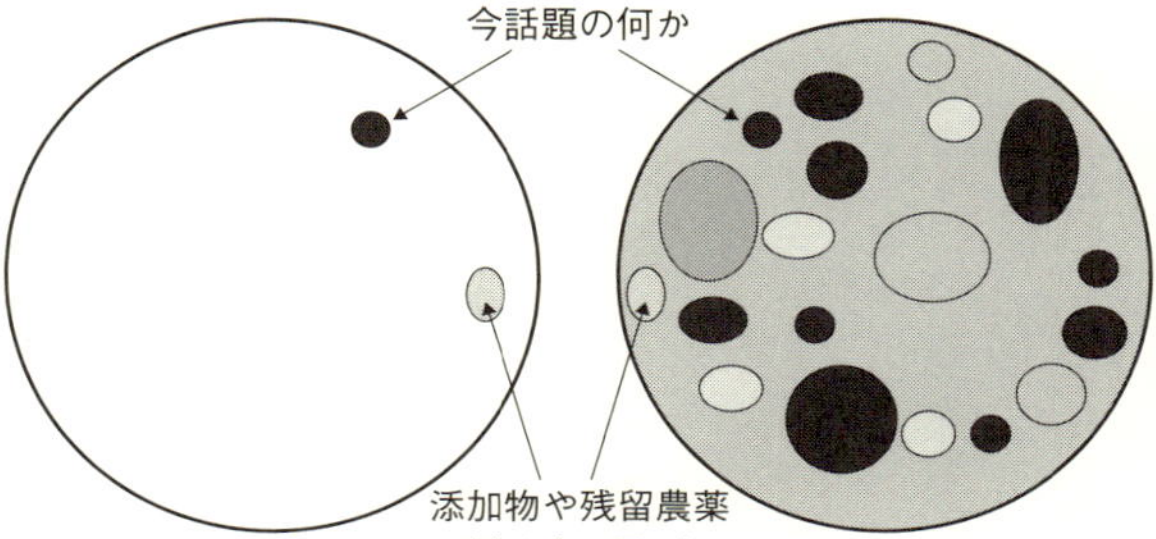

一般の人の
食品のリスクについてのイメージ

食品リスク研究者の
食品のリスクについてのイメージ

してあります。

一方、食品は安全なのが当然だと思いこんでいる消費者のイメージは、左の白い○のようにまっさらで何ひとつ汚れのない100％安全なものとされる場合があるようです。そのまっさらな状態に、いくら色が薄くてもグレーの食品添加物や残留農薬が入るなんて認められない、と考えてしまうようです。

理想上にはあるかもしれませんが、実際には、100％安全な食品というものはこの世界には存在しません。食品添加物や残留農薬の安全性について話題になるときに、食品そのもののリスクを想定している研究者と、食品が100％安全だと考えている消費者の間では、同じことを話し合っていても見ているものが違っている可能性があります。この図の食品添加物や残留農薬の部分のグレーは右と左で同じ色なのですが違って見えます。これは目の錯覚で、人間の脳はそのようにできています。リスクの認識もこれと同じように、背景知識の有無で違ってしまう可能性があるのです。

†リスクのトレードオフ

また、しばしば事件や事故で、特定の食品や成分が危険だと話題になることがあります。例えば食品の内部被ばくが話題になると、放射性物質を避けるためにといろいろなことが提案されます。ところが食品そのもののリスクを知らないと、放射性物質を避けるために選んだことが、放射性物質によるリスクより大きいということになりかねません。

福島第一原子力発電所事故の後、水道水から一時的に放射性物質が検出されたからという理由で、飲料水を水道水から外国産のミネラルウォーターや井戸水に替えたという人がいました。この選択は発がん物質である無機ヒ素や微生物汚染のことを考えると、かえってリスクを高くする可能性がありました（2011年当時は、ボトル入りミネラルウォーターの基準は水道水より緩いものでした。現在は基準が改定され、ほぼ水道水並みになっています。井戸水を飲用にする場合には、飲用に適するかどうかを検査で確認する必要があります。それでも水道水と同じ数の検査はしません）。

†リスクの大きさを測るものさし

先の食品のイメージについての図で示したように、人間の感覚はあまり信頼できません。そのためリスクの大きさは客観的な「ものさし」を使って測定する必要があります。

食品安全の分野では、ばく露マージンやDALYといった指標を用いてリスクの大きさを数値化して並べ（リスクランキング）、リスクの大きい方から優先順位をつけて対策をしていこうという方針が立てられています。ここではリスクのものさしやその使い方の詳細については説明しませんが、それらを使って得られる結果を図表3－5に大まかにまとめてみました。

私たちが毎日口にする食品の大部分は、穀物や野菜や肉などの食材そのものです（つまりばく露量が多い）。それに比べると残留農薬や食品添加物といったごく微量の成分のリスクは、事実上問題にならない程度に低いです。逆に、普通の食生活では食べることのない量のものを、毎日継続して一定以上の長期間摂ることを勧めるサプリメントのようなもののほうが、リスクが高いといえます。

なお、いわゆる健康食品の中でも、医薬品、医療機器等の品質、有効性及び安全性の確保等に関する法律（薬機法）違反になるような、病気の予防や治療などの効果効能を宣伝

図表 3-5　リスクの大きさ

リスクの大きさ（健康被害が出る可能性）	食品関連物質
極めて大きい	いわゆる健康食品（効果を謳ったもの）
大きい	いわゆる健康食品（普通の食品からは摂れない量を含むもの）
普通	一般的食品
小さい	食品添加物や残留農薬の基準超過
極めて小さい	基準以内の食品添加物や残留農薬

しているものをみかけます。これらの製品には、ときに違法薬物が混入されていることがあります。とりわけ海外で販売されているものを個人輸入して使うような場合には極めてリスクが高く、世界的にはそのような製品による健康被害が多数報告されています。特に目立つのが精力増強用、減量用、アスリート向け筋肉増強用の製品で、これらについては基本的に購入しないでください。

一般的に人々が安全性について問題視するような農薬や添加物は、たとえそれが基準値超過と報道されるようなことがあっても、たいていの場合、「普通の食品」よりもリスクは小さいです。例えば、残留農薬の一律基準違反というような事例では、検出される量は０・０１ｐｐｍを少し上回ったという程度であり、普通の残留農薬の基準値でも数ｐｐｍといった量です。つまり、食品を１kg食べたとしても数mgです。

一方、例えばプロテインパウダーのようなものだと、プロテイン量は数十％、つまり１kg食べたら数百g摂取することになります。数㎎と数百ｇとでは、10万倍も差があります。この違いが、リスクの大きさの違いに反映されます。量を気にしてくださいというのはそういうことです。

†食生活を安全にするには

食品はもともと未知のリスクのかたまりであり、そのすべてを知ることはできない、という前提のもとで、では一人ひとりが食生活を安全にするためにはどうしたらいいでしょうか。

世界中の食品安全機関が一致して勧めているのは、「多様な食品からなる、バランスのとれた食生活」です。「バランス良く食べなさい」というのは栄養を摂るためにさんざん言われてきたことで、多くの人が知っていることです。ただここで強調しているのはリスクを分散させるためにいろいろなものを食べる、ということです。

「いろいろなもの」には食品の種類だけではなく産地や生産方法なども含まれます。特定の生産者のものしか食べない〝こだわりの〟食生活というのも、リスクを高める可能性があります。現在の日本だと、普通に生活していれば世界中の多様な食品や、いろいろな企業の製品を買うことができます。この選択の多様性が確保されているということこそが、食品の安全性にとって重要なのです。

せっかく多様な選択肢があるのに、わざわざ特定のものしか食べないというのはもったいない。もちろん、リスクが比較的高いことがわかっているメチル水銀やアクリルアミドなどについては、食品安全委員会や厚生労働省などから妊婦さん向けの助言などが出されており、注意する必要があります。その上で、値段の高いオーガニック食品や和食にこだわるといったことは、安全上は特におすすめしません。いろいろな食品を、いろいろな食べ方で楽しめばいいです。

「どの食品が安全なのですか」ということをよく訊かれます。しかし「安全な食品」と「危険な食品」に分けられるのではなく、食品を安全にするのも安全でないものにするのも、私たちの食べ方次第なのです。「○○は危険だから食べるな」「△△は健康食品なので毎日食べましょう」という単純な主張をする書籍や記事が世の中に溢れていますが、そういった主張こそが食品の安全性について理解していない証《あかし》だといえます。

「食品にはリスクがあります。リスク分散のためにいろいろなものを食べましょう」――これが食品安全の基本です。つまり、サプリメントをはじめ、同じものを毎日食べるように勧めるいわゆる健康食品は、食品安全の基本に反するのです。

第四章

海外のサプリメント規制はどうなっている?

†海外ではどのような規制がされているか

本章では、いわゆる健康食品の有効性や安全性について、海外ではどのような制度や評価があるのか紹介します。海外の事例を見ることは、日本の仕組みについて考えるうえでも大いに参考になるからです。

一般的に医薬品に近い錠剤などの形で流通するビタミン・ミネラルサプリメントやハーブ製品のようなものについて、海外ではどのような規制がされているのでしょうか。また、食品に健康機能を表示する場合にはどのような科学的根拠が用いられるのでしょうか。

こうした点を中心に、いくつかの国の制度を簡単に紹介します。さらに、これまで食経験のない新しい食品成分が販売される場合に、諸外国がどのような仕組みで安全性を確保しようとしているのかについても、みていきたいと思います。

†米国のダイエタリーサプリメント

米国のダイエタリーサプリメントは、1994年に制定されたダイエタリーサプリメント健康教育法（DSHEA：Dietary Supplement Health and Education Act）という法律によって規定されています。これは世界でも極めて特殊な制度です。米国には、食品でも医薬品でもなく「ダイエタリーサプリメント」という分類があるのです。

ビタミン、ミネラル、アミノ酸などの各種食品成分、あるいはハーブ製品など、通常の食事とはみなされない形態（主に錠剤やカプセル、少量の液体など）で「ダイエタリーサプリメント」と明記されているものが、これに該当します。

この法律は事業者側の強力なロビー活動により、安全性より産業育成に力点がおかれたもので、アメリカ食品医薬品局（FDA）のような規制機関の権限は極めて限定されています。その点について、成立当初から有識者の間では批判がありました。

ダイエタリーサプリメントの安全性や商品に表示される効果については、基本的に製造販売業者がその根拠を持っていればよく、FDAの審査は必要ありませんでした。一方で、製品の販売禁止などを命令するためには、その製品に許容できないリスクがあることをFDAが証明する必要があります。そのため規制には困難を伴いました。

FDAの側から見ると、食品や医薬品の安全性については権限と責任がありますが、ダイエタリーサプリメントについては、よほどのことがない限り責任はないということになります。しかし、こうした運用のもとで多くの問題が起こったため、近年制度の見直しが行われています。詳細はFDAのサイトに時系列で掲載されています。

いくつか大きな改定を取り上げてみましょう。

まず2019年に、ダイエタリーサプリメントの規制を強化することが宣言されました。そして2022年に新しいダイエタリーサプリメント教育イニシアチブを開始し、消費者にダイエタリーサプリメントとはどういうものなのかを知ってもらうための活動を拡大していきます。さらに、それまでも規定はあったものの、一度も提出されたことのない（つまり企業が無視してきた）新規ダイエタリー成分（NDI）通知に関するガイダンス案を発表しました。

そして2023年にはダイエタリーサプリメントとして販売されている製品に使用されている成分のリスト作成を開始し、24年には新規ダイエタリー成分通知方法についての最終ガイドラインとタイムラインを公表しました。これらの規制は今後も継続して強化されていくものと思われます。

こうした規制強化の理由はもちろん、ダイエタリーサプリメントに関連した健康被害が多数報告されてきたからです。

†ダイエタリーサプリメント大国米国で起こったこと

米国では、1994年のDSHEA法制定後、ダイエタリーサプリメントの売り上げが増加し、たくさんの人がサプリメントを使うようになりました。最も広く使われているのはビタミンやミネラル類ですが、ほかにも多様な成分を含むものが販売されています。その結果、薬物誘発性肝障害の増加が報告されています。

死亡など、重大な被害につながることがよくあるのは、ビタミンやミネラルサプリメントより、いわゆるハーブダイエタリーサプリメントです。植物由来の成分を含むとするものですが、これらは正確な内容物がわかりません。

たとえ食品として食べられている植物であっても、食品とは異なる形態で、食品とは違う量を摂取すれば、健康被害の原因となる可能性は高くなります。さらにハーブダイエタリーサプリメントと称して販売されているものの中には、実際には合成化合物を含むものが相当あることが報告されています。

口から摂取した物質は、通常いちばん先に肝臓で処理されます。そのため有害物質による健康被害として最も起こりやすいのは、肝障害です。普通の食品にも有害物質は微量含まれますが、一定量以下なら肝臓で代謝することができます。しかし一定量を超えると処理が追いつかず、肝機能障害となります。

人々に最も多く摂取されている典型的な有害物質は、エタノールでしょう。そして長期間服用する医薬品などには、肝障害の副作用が出る可能性がわかっているものがあり、そのため医師が注意をしながら処方することになります。

米国のいくつかの病院で構成される薬物誘発性肝障害ネットワーク（DILIN）が、2004年から13年の間にネットワーク参加病院で把握した肝障害の事例を調べた研究が、2014年に発表されています。全839症例のうち、ハーブダイエタリーサプリメントによると考えられるものが130例と15・5％を占め、年ごとに内訳をみてみると、2004年から13年の間に7％から20％に増加しています。その後、2024年に発表されたDILINによる30年間のまとめの報告でも、ハーブとダイエタリーサプリメントによる肝障害は薬物誘発性肝障害全体の20％を占め、高止まりしています。

特に原因として多いのがボディビルディング目的や減量用などで使われるハーブとダイエタリーサプリメントです。細かく見ていくと、サプリメントにも流行の傾向はあるようで、ターメリック（ウコン）による肝障害の事例が2017年以降増加しているという報告がされています。

ダイエタリーサプリメントには医薬品と相互作用するものもあるのに、一般的医薬品と違って患者が医師に服用していることを伝えないケースが多いのも問題になっています。問診時にはダイエタリーサプリメントの使用の有無を尋ねるように、という助言がたびたび発表されています。

†米国人はサプリメントで健康になったか

では、ビタミンやミネラルサプリメントで米国人が健康になったのかというと、そのような報告はありません。ビタミンやミネラルは、不足している人がサプリメントを摂れば健康に貢献するはずです。しかし実際にビタミンやミネラルサプリメントを使用している人の多くは、特段ビタミンやミネラル不足ではない、というのが実態のようです。

米国政府の機関であるダイエタリーサプリメントオフィスがマルチビタミン・ミネラルサプリメントについてのファクトシートをまとめているので、紹介します。

ダイエタリーサプリメントの中には、食事から十分な必須栄養素を摂取できない場合には役に立つ可能性のあるものがあります。その例として次の4つが挙げられています。

・骨の健康のためのカルシウムとビタミンD
・先天障害リスクを減らすための葉酸
・心疾患予防のためのオメガ3脂肪酸
・加齢性眼疾患研究で使われたビタミンCとE、亜鉛、銅、ルテイン、ゼアキサンチンの組み合わせからなる処方（AREDS処方）

逆に言えば、根拠があると言えるのはこの4種類しかないということです。

1994年のDSHEA法制定以降、約30年にわたって膨大な量のダイエタリーサプリメントが販売され、その経験も研究も日本とは比べ物にならないほど蓄積があるサプリメント大国アメリカでも、有効性の根拠があると認められているのは、これしかないのです。

このうちオメガ3脂肪酸に関しては、日本人は米国人より魚の摂取量が多いので、日本人にはあてはまらない可能性が高いでしょう。カルシウムやビタミンD、葉酸は日本では栄養機能食品制度によって表示できます。つまり、米国のダイエタリーサプリメント制度を日本に導入しても、日本人の健康が改善する可能性はあまりなさそうです。

一方、安全上のリスクとしては以下が挙げられています。

・ビタミンKは血液凝固抑制剤ワルファリンの作用を抑制する可能性がある。
・セントジョーンズワートは抗うつ剤やピル、心臓の薬、抗HIV薬、移植後の薬など各種医薬品の分解速度を速めて有効性を減らす可能性がある。
・ビタミンCやEのような抗酸化サプリメントはある種のがん化学療法の有効性を減らす可能性がある。

・朝食シリアルなどにビタミンが添加されていることがあるなど、想定以上に摂取する場合があり、過剰症のリスクがある。
・妊婦や子どもでの安全性は確認されていないものが多い。

ビタミンやミネラルだから安全だと思い込んではいけないのです。結論として、米国ではダイエタリーサプリメントの使用が増えたことによる健康上のよい影響は明確でなく、健康被害はあると言えましょう。

†米国における食品の健康強調表示

米国ではダイエタリーサプリメントの表示は企業の責任ですが、食品についてはFDAが評価し、認可をする限定的健康強調表示（Qualified Health Claim）というものがあります。企業からの申請でFDAが科学的根拠を評価し、表示できる文言を提示します。これまで評価申請されてきたものはそれほど多くはありませんが、一部を図表4－1に示します。

FDAが科学的根拠を評価して表示を認めた文言は、それほど単純でも魅力的でもないことがわかると思います。そのため、このような強調表示は食品の宣伝にはあまり使われていないようです。

ピーナッツ粉末	すでに固形食を食べている重症アトピー性皮膚炎および／あるいは卵アレルギーのある乳児のほとんどにとって，4〜10カ月齢の間に挽いたピーナッツを含む食品を摂取することは5才までにピーナッツアレルギーを発症するリスクを減らすかもしれない．FDAが決定したが，しかしながらこの主張を支持する根拠は一つの研究に限られる． もしあなたの乳児が重症アトピー性皮膚炎および／あるいは卵アレルギーなら，挽いたピーナッツを含む食品を与える前に主治医に相談すること．
全粒穀物とII型糖尿病	全粒穀物はII型糖尿病リスクを減らすかもしれない．FDAはこの主張には極めて限られた科学的根拠しかないと結論づけた．
クランベリー製品と再発する尿路感染	1日8オンスのクランベリージュースを飲むことは，健康な女性の再発する尿路感染リスクを下げるのに役立つかもしれない．FDAはこの主張の科学的根拠は限定的で一貫しないと結論づけた．

出典：アメリカ食品医薬品局（FDA）ホームページ
Qualified Health Claims: Letters of Enforcement Discretion をもとに筆者作成．

図表 4-1　米国における食品の健康強調表示

内容	表示できる文言
緑茶と乳がん／前立腺がん	緑茶は乳がんまたは前立腺がんリスクを減らすかもしれないが，FDA はこの主張には極めてわずかな科学的根拠しかないと結論づけた．
ビタミンEと大腸がん	2つの弱い研究とひとつの研究がビタミンEサプリメントが大腸がんリスクを下げるかもしれないことを示唆することについて，結果が一貫していない．一方，もう一つの限定的研究ではリスク削減はなかった．これらの研究に基づき，FDA はビタミンEサプリメントが大腸がんリスクを下げることは極めてありそうにないと結論づけた．
EPA と DHA オメガ3脂肪酸と冠動脈心疾患	EPA と DHA オメガ3脂肪酸を摂取することは冠動脈疾患リスクを下げるかもしれないことを支持するが決定的ではない研究がある．一食分の○○（食品の名前）が△△gの EPA と DHA オメガ3脂肪酸を提供する（総脂肪，飽和脂肪，コレステロール含量については栄養成分表示を参照）． ＊ダイエタリーサプリメントについては強調表示文言内ではなく「サプリメント成分」に1回当たりの含量を表示．
オリーブ油と冠動脈心疾患	約テーブルスプーン2杯（23g）のオリーブ油を毎日食べることは，オリーブ油に含まれる単価不飽和脂肪酸により冠動脈心疾患リスクを下げるかもしれないことを示唆する限定的で決定的でない科学的根拠がある．このあるかもしれないメリットを得るにはオリーブ油は同量の飽和脂肪と置き換えて1日の総摂取カロリーを増やさないことが必要である．この製品一食分は（x）グラムのオリーブ油を含む． ＊オリーブ油に表示する場合は最後の文はオプション．
ホスファチジルセリンと認知機能	ホスファチジルセリンの摂取は高齢者の認知機能障害リスクを減らすかもしれない．ホスファチジルセリンが高齢者の認知機能障害リスクを減らすかもしれないことを示唆する極めて限られた予備的科学研究がある．FDA はこの主張を支持する科学的根拠はほとんどないと結論づけた．
葉酸と神経管欠損	ダイエタリーサプリメントの 0.8 mg の葉酸は神経管欠損リスクを減らすのに通常の形態のより少量の葉酸を含む食品より効果的である．FDA はこの主張を支持しない．公衆衛生当局は女性に対し神経管欠損リスクを減らすために強化食品またはダイエタリーサプリメントあるいはその両方から毎日 0.4 mg の葉酸を摂取するよう勧めている．

†欧州の食品サプリメント・伝統的ハーブ医薬品

欧州ではビタミン、ミネラルは食品に分類されますが、食品サプリメント規制によりサプリメントとして使用できるビタミンやミネラルの種類や含量についての基準が定められています。食品サプリメントには、EU指令（Directive 2002/46/EC）で指定されたビタミンやミネラル以外は使うことができません。新たに指定物質に加えるためには申請が必要です。医薬品としての規格があるハーブ医薬品は、もちろん医薬品です。

それ以外に、普通の医薬品と同等の有効性や安全性に関するデータはないものの、社会的・文化的に人々の生活に深く根づいている伝統的ハーブ医薬品（Traditional Herbal Medicinal Products）があります。これらには生理活性のある成分が含まれている場合もあり、医薬品規制の中で「伝統的」ハーブ治療薬製品としてハーブ指令（Directive 2004/24/EC）により登録制となっています。

「伝統的」ハーブの定義は、EU域内での最低15年を含む30年以上の使用歴があって、医師の指導によらずに使われるが注射ではないもの、とされています。カレンデュラ、エキナセア、エゾウコギ、アニスなどが代表的なものです。これらについては医薬品に分類されるものの、長い伝統的使用という特別な性質があるため、簡単な登録方法により安全性試験や臨床試験なしに登録できることになっています。ただし、新しい研究などで安全上の問題点が明らかになったりした場合には、追加のデータを要求することができます。ハーブ指令はEU全体に適用されるものですが、「伝統的」ハーブ治療薬の登録は加盟国ごとに行われています。

欧州で伝統的ハーブ医薬品とみなされるものでも、アジアでは食品扱いだったり、中国などの伝統医薬品原料が欧米では食品扱いになるなど、注意が必要な場合があります。「伝統的使用法」という文化のない地域では、使い方が違ったり、知っていて当然と思われているような注意点がまったく伝わっていなかったりすることがよくあり、その結果思わぬ健康被害の原因になる可能性もあるからです。また、一見同じように見える植物でも、成分が違うこともあります。

†欧州の食品の健康強調表示

欧州では、食品の健康上の機能性表示に関してはEU規則（Regulation（EC）N°1924/2006）によりポジティブリスト制、つまり事前に評価され認められたものしか使ってはならない、という制度が導入されています。

基本的に、食品の機能性に関する強調表示の内容については、企業がその根拠となるデータを提出し、欧州食品安全機関（EFSA）が評価を行って意見を出し、それを元にEUがリストを更新します。

2024年8月時点の登録件数は2331件、そのうち認められたものが269件となっています。つまり、認められなかったもののほうが圧倒的に多いわけです。

認可されたものの多くは、必須のビタミンやミネラルの機能についてのものです。例えば一定量以上のカルシウムを含む食品であれば、「カルシウムは正常な骨の維持に必要」と表示することは認められています。これについては、科学的根拠が確立されています。

ビタミンやミネラル以外では、一定量の食物繊維などを含む食品については、「便量を増やすのに寄与する」や「食事と一緒に摂取することで食後血糖の上昇を抑制することに寄与する」といった表示が認められています。低カロリー甘味料は「砂糖の代わりに使えば砂糖を使ったものに比べて血糖値の上昇が少なくなる」と表示できます。これらについては科学的根拠があるので、一回の摂取量や摂取条件などの要件を満たす商品であれば、どのメーカーの商品でも機能性を表示することができます。

表示が認められている健康強調表示のうちの一部を以下で紹介します（図表4－2）。順不同で抜粋したものです。

いかがでしょうか？　比較的常識的な、表示されていなくともわかっていると思うようなことばかりと感じたかもしれません。その通りで、健康強調表示の多くは、栄養と健康に関する基礎を学んでいれば、栄養成分表示や原材料表示から想像できる程度の情報も多いのです。

そして、認可できないと判断されたものの中に、いくつか注目すべきものがあります。例えば「ヒアルロン酸が皮膚の保湿に役立つ」「コラーゲン加水分解物が関節の健康に役立つ」「グルコサミンが関節の軟骨の維持に効果がある」という申請は、科学的根拠なしと判断されています。このような主張は日頃よく目にするので、科学的根拠があると信じている人もいるかもしれません。しかし実はその根拠は薄弱で、欧州では立証されていないと判断されているのです。

日本のトクホで認められている「ラクトトリペプチドの血圧への影響」「ジアシルグリセロールの減量への寄与（トクホ取り下げ）」、あるいはプロバイオティクス（ヨーグルトなどの乳酸菌や発酵食品）やプレバイオティクス（ガラクトオリゴ糖など）の整腸作用も、欧州では科学的根拠はないと判断されています。

日本のトクホへの申請では認められるレベルの「根拠」でも、EFSAには根拠が薄弱で因果関係は立証されていないと判断されるのですから、機能性表示食品として届出されているものの科学的根拠については、言うまでもないと思います。

オート麦ベータグルカン	オート麦ベータグルカンは血中コレステロールを低下させることが示されている．高コレステロールは冠動脈心疾患発症のリスク要因である．
植物ステロール／植物スタノールエステル	植物ステロールと植物スタノールエステルは血中コレステロールを低下させることが示されている．高コレステロールは冠動脈心疾患発症のリスク要因である．
無糖チューインガム	無糖チューインガムはプラークの中和に役立つ．プラークの酸は虫歯のリスク要因である．
ラクチトール	ラクチトールは排便頻度を上げることで正常な腸の機能に貢献する．
甜菜線維	甜菜線維は便量を増やす．
炭水化物	炭水化物は極めて強いおよび／または長時間の運動による筋肉疲労と，骨格筋のグリコーゲン貯蔵の枯渇からの正常な筋肉機能（収縮）の回復に寄与する．極めて強いおよび／または長時間の運動による筋肉疲労と，骨格筋のグリコーゲン貯蔵の枯渇後4時間以内遅くとも6時間以内に，すべての摂取源からの総摂取量が体重1kgあたり4gで炭水化物を摂取することで効果が得られるという情報を消費者に与えること．筋肉疲労と骨格筋のグリコーゲン貯蔵の枯渇をもたらす極めて強いおよび／または長時間の運動をする成人用の食品にのみ使用．
ココアフラバノール	ココアフラバノールは正常な血流に貢献する血管の可塑性維持に役立つ（1日200mg）．
クレアチン	毎日のクレアチン3g摂取は55歳以上の成人の筋肉の強さに与えるレジスタンストレーニングの効果を強化できる．
グルコマンナン(コンニャクマンナン)	グルコマンナンは正常な血中コレステロール濃度の維持に寄与する．
生きたヨーグルト培養	ヨーグルトあるいは発酵乳の生きた培養は乳糖分解が困難な人のその製品の乳糖分解を改善する．
オリーブオイルポリフェノール	オリーブオイルポリフェノールは血中脂質を酸化的ストレスから保護するのに寄与する（20gあたり5mg以上のヒドロキシチロソールを含むオリーブ油を1日20g）．

出典：Health Claims EU register
https://ec.europa.eu/food/food-feed-portal/screen/health-claims/eu-register
（2024年11月18日閲覧）

図表 4-2　欧州で表示が認められている健康強調表示

栄養素，物質，食品または食品分類	表示内容
水	水は正常な体温調節維持に寄与する．
小麦ふすま線維	小麦ふすま線維は腸の滞留時間加速に寄与する．
活性炭	活性炭は食後の過剰なお腹の膨れを減らすのに寄与する．
チアミン	チアミンは正常なエネルギー産生代謝に寄与する．
ビタミン A	ビタミン A は正常な粘膜の維持に寄与する．
ビタミン B12	ビタミン B12 は正常なエネルギー産生代謝に寄与する．
ビタミン C	ビタミン C は正常な血管機能のための正常なコラーゲン生成に寄与する．
カルシウムとビタミン D	カルシウムとビタミン D は子どもの正常な成長と骨の発達に必要である．
カルシウム	カルシウムは子どもの正常な成長と骨の発達に必要である．
α-リノレン酸（ALA）&リノール酸（LA），必須脂肪酸	必須脂肪酸は子どもの正常な成長と発達に必要である．
ヨウ素	ヨウ素は子どもの正常な成長に寄与する．
鉄	鉄は子どもの正常な認知機能発達に寄与する．
リン	リンは子どもの正常な成長と骨の発達に必要である．
銅	銅は正常な免疫系機能に寄与する．
タンパク質	タンパク質は子どもの正常な成長と骨の発達に必要である．
ドコサヘキサエン酸	DHA は 12 カ月齢までの乳児／胎児の正常な視覚／脳の発達に寄与する．
オオムギベータグルカン	オオムギベータグルカンは血中コレステロールを低下させることが示されている．高コレステロールは冠動脈心疾患発症のリスク要因である．
100% キシリトールで甘味をつけたチューインガム	100% キシリトールで甘味をつけたチューインガムは歯のプラークを減らすことが示されている．歯のプラークの多さは子どもの虫歯のリスク要因である．

†プロバイオティクス――発酵食品は体によい？

特に知っておいてほしいことは、プロバイオティクスをめぐる判断です。

プロバイオティクスとは、腸内細菌叢《そう》のバランスを改善し、身体によい作用をもたらすとされる生きた微生物のことで、プレバイオティクスはそれら有用とされる微生物の栄養源となって増殖するのに役立つ物質（オリゴ糖など）のことです。

日本では、おなかの調子を整えるといったものをはじめ、たくさんのサプリメントや健康食品が、トクホとしても機能性表示食品としても販売されています。いわゆる健康食品としても、あるいは単なる普通の食品であっても、発酵食品は体によいと主張されている場合が多いでしょう。しかしプロバイオティクスは、EUでも北米でも、健康強調表示としては認められていません。

EUでは、健康強調表示のポジティブリスト制が導入されることが決まってEFSAの評価が始まると、プロバイオティクス業界（ヨーグルトを作っている会社など）はプロバイオティクスの健康強調表示を多数申請しました。ところが、ことごとくその科学的根拠は立証されていないという評価が下されたのです。

その理由として、例えば健康効果を発揮するとされる菌がきちんと同定されていない、効果が個人の主観的感想のみに基づいており客観的指標がない、臨床試験で有意差があるもののその影響があまりに小さすぎて現実世界では意味がない、といったことが挙げられます。

そういった評価を受けて、プロバイオティクス業界は最初のうちはなんとか機能性を認めさせようと努力していました。EFSAは評価の結果を欧州委員会に報告し、その後一定期間、パブリックコメントを受け付けます。そこにEFSAの評価への反論を多数提出していました。ここで受け付ける意見は、あくまで科学的根拠に関わるものです。欧州委員会はその意見をEFSAに返し、EFSAが検討して意見を出すというやりとりが、特にプロバイオティクス関連の健康強調表示申請で盛んに行われていました。

EFSAに異議申し立てをしていたのは申請企業の人たちだけではありません。そこには、プロバイオティクス関連学会の権威とみなされている大学教授のような研究者たちもたくさんいました。

プロバイオティクス業界では、プロバイオティクスに効果があるのは既成事実であり、当然のことだという主張もありました。さすがにそれでは科学的根拠とは言えませんが、実はこの手の主張は日本の健康食品関連研究者がしばしば口にするものです。EFSAはそうした各種コメントは反論にはなっていないと退け、結果として、現在認可されたプロバイオティクス関連健康強調表示は存在しません。

欧州の健康強調表示規制が順調に実施され、定着するようになってからは、プロバイオティクス関連の申請や反論はほとんどなくなりました。その理由の一つは「プロバイオティクス」の定義がいまだに定まらないということです。

2001年のFAO/WHOの定義では「適量を投与すると宿主に健康上の利益をもたらす生きた微生物」とされています。しかしながらこれは、そのまま健康強調表示に使うことはできません。「生きた微生物」とは何か、「適量」とはどのくらいなのか、あるいは「宿主の健康への利益」とはどんなものを指すのかについて、それぞれさらに詳しく記述する必要があるからです。

世界中で、プロバイオティクスを含むと宣伝されている製品は多数販売されています。それにもかかわらず、定義が曖昧であるのが現状です。そのため、国際流通する食品の規格や基準を設定しているコーデックス委員会の栄養・特殊用途食品部会が、プロバイオティクスの定義についてガイドラインを作成しようと2018年から検討を行っていますが、まだ策定されていません。

この間にプロバイオティクスの周辺分野の学問が大きく進展し、ヨーグルトの乳酸菌の健康効果への期待が、相対的に小さくなってしまいました。

†プロバイオティクスへの逆風

逆風の一つは、有害事象が報告されていることです。プロバイオティクスの代表とされるのは、ヨーグルトなど普通の食品でした。そのため、劇的な効果はないものの概ね安全だとみなされてきました。しかし生きた微生物の錠剤やカプセル剤で臨床試験をすると、必ずしもそうではないことがわかってきました。

オランダでは、2008年に急性膵炎《すいえん》の感染合併症に対する予防治療としてのプロバイオティクスを投与した群で、むしろ死亡率が高くなることが報告されました。

米国では2015年に乳児用のプロバイオティクスサプリメントによるムコール菌症での死亡事例が報告されました。この事例は、ダイエタリーサプリメントが医薬品のように厳密に品質管理されていなかったことが原因ですが、それにもかかわらず乳児用として販売されている実態があったのです。

この事件を受けてFDAは、生きた細菌や酵母を治療や予防目的で使用する医療従事者は、FDAに対して実験的新薬としての審査申請をするよう求めました。その後、赤ちゃんの病気予防用のプロバイオティクスが認可されたという話は報告されていません。

2016年にはノルウェー食品安全科学委員会が、乳児用サプリメントとして販売されているプロバイオティクス製品を乳幼児に毎日与えることは、悪影響のある可能性を否定できないと注意喚起しています。

ほかにも重い病気のある人たちがプロバイオティクスを使用して菌血症になったり、乳酸菌が日和見感染したりといった報告が増えていきました。そして2018年に学術雑誌 *Cell* に発表された研究で、抗生物質使用後のプロバイオティクスは時に有害である可能性が示されました。

抗生物質を使うとヒトの腸内細菌が死んでしまうため、腸内細菌のバランスが崩れてしまったときの悪影響を予防する目的で、これまでプロバイオティクスがよく使われてきました。しかし、腸内細菌を殺した後にプロバイオティクスを与えると、もともと常在菌ではないプロバイオティクス菌が定着してしまうせいで本来の菌の状態に戻るのが遅れてしまうというのです。

もとの健康状態に速やかに戻るには、プロバイオティクスではなく、健康な状態の自分の便をあらかじめ採取して保存しておき体内に戻すほうがいい、と報告されました。近年では、この「健康な状態の腸内細菌をまるごと使う」という糞便移植が注目されるようになってきたのです。

†マイクロバイオーム研究の新興

プロバイオティクスは定義についての合意もされないままですが、一方でマイクロバイオーム研究が盛んになりました。主に次世代シークエンサーに代表される遺伝子配列決定技術と膨大なデータを処理する計算技術の進歩により、人体や環境中に存在する膨大な種類と数の微生物を集団のまま扱うことが可能になりつつあります。

従来の腸内環境の研究では、糞便中の菌を培養して増やし、さまざまな分析をすることで、腸内細菌の存在を特定し、例えば食物繊維を食べるとそれが増えることが判明した、といったものでした。一方、マイクロバイオーム研究は糞便中の微生物の遺伝子について一括して配列決定と解析を行い、腸内細菌の分布に関する膨大なデータを出力します。微生物の研究手法が大きく変わったのです。

現在は世界中で、どこにどんな微生物がどれだけいるのかについて調査が行われています。腸内細菌については人種やライフスタイルによる違いがどのくらいあるのか、あるいは健康との関連がどれくらいみられるかについて、基本情報を蓄積している最中といったところです。

細菌だけではなく、ウイルスについても調べられています。今のところ、健康な人でも多様な腸内細菌叢があり、家族や食事などさまざまな影響要因があると報告されています。それでも正常な腸内細菌叢とはどんなもので、それがどのように病気に関連するのかについてはまだまだ研究途上です。

このような研究分野が急速に発展すると、善玉菌対悪玉菌のような単純な分類は意味がないと思い知らされます。人間の腸に定住しない乳酸菌のようなものより、定着して何かをやっている菌を研究したほうがおもしろそうに思えます。これまでのプロバイオティクス研究が、相対的に色あせて見えてくるでしょう。

各種発酵食品に含まれる多様な微生物のことを指す「プロバイオティクス」は、健康な人が普通に食べることによる健康への効果は、あったとしてもごくわずかだろうと考えられます。ヨーグルトなどの発酵食品はこれまでも日常的に食されていますが、これによる劇的な影響は観察されていません。もちろん、ヨーグルトは美味しいので普通に食べればいいのですが。

†カナダのナチュラルヘルス製品

カナダではビタミンやミネラルサプリメント、ハーブ製品やその他の植物をベースにした健康製品、中国伝統薬のような伝統的医薬品、ホメオパシー医薬品、プロバイオティクスや酵素製剤、そして天然成分を含む練り歯磨きや日焼け止めのような一部のパーソナルケア用品などを「ナチュラルヘルス製品」（NHP）と分類しています。

これらを規制するナチュラルヘルス製品規制（Natural Health Products Regulations）が2004年に発効しましたが、それ以前はどちらかといえば野放し状態でした。そのため、健康被害をもたらすような製品が販売されているのではないかという危惧が高まり、1997年以降、何らかの対策が必要だという議論を重ねてこの規制が整備されたのです。

こうした動きに対して、自然療法やアロマセラピーなどの代替療法を行っている人たちからは反対運動も起こりました。しかし悪質業者を排除することは、業界全体にとっても必要なことだと考えられ、規制が成立しています。

この規制の下では、何より消費者の安全を確保するために、製品の品質と安全性に関する情報をカナダ保健省に通知し、販売許可を得て番号を表示しなければなりません。販売を認められた製品には、医薬品（DIN）、ナチュラルヘルス製品（NPN）、ホメオパシー製品（DIN-HM）、除外（EN）のあとに8桁の番号が付与され、保健省のウェブサイトを検索すると、登録されている情報が確認できる仕組みになっています。

カナダ保健省は、ナチュラルヘルス製品について医薬品ほど厳密な審査をすることはありませんが、最低限の安全基準を満たしていることを確認しています。効能効果の宣伝内容が軽いものなら要求されるデータの水準は低く、病気を治療できるといった主張だとより高水準なデータが要求されます。

製造業者には製造管理および品質管理に関する基準（GMP：Good Manufacturing Practice）の順守が義務づけられており、有害事象報告も義務となります。有害事象報告は消費者も簡単にできるシステムになっています。カナダ保健省のウェブサイトから、製品の番号と経験した有害事象（好ましくない反応なら何でも）を通知するだけです。

†新規食品とは何か

いわゆる健康食品に関する各国の制度について検討する場合に、かならず必要になる項目が食経験のない新規食品（ノベルフード）の扱いについてです。いわゆる健康食品の中には、錠剤や濃縮エキスのような普通の食事の一環ではない形態で使用するものや、食品として食べてきた経験のないような物質が含まれることがあります。食経験のない新規食品の安全性をどう担保するかは、規制担当者にとって重要な課題なのです。いくつかの国の定義や仕組みをみてみましょう。

ＥＵでは、域内で１９９７年5月15日より前に相当量の食経験がない食品をノベルフードとみなすことにしています。ノベルフードについてはＥＦＳＡが安全性および有効性を科学的に評価し、その結果に基づき欧州委員会（ＥＣ）が認可の可否を決定することになっています。

機能性を謳わないノベルフードもたくさんあります。例えば食用昆虫や鶏のとさかのようなものも、ＥＵで多くの人が日常的に食べてきたわけではないので、市販前に安全かどうかを評価されます。ＥＵ以外の国で食品としての安全な使用歴がある場合も、組成に関するデータと、少なくとも1カ国以上で相当数の人々が日常的な食事で25年間以上使い続けている経験を確認しなければ、安全性を証明することはできません。

ウェブサイトEU Novel Food status Catalogueで、食品や食品成分がどういう規制状態にあるのかが検索できます。

オーストラリアでは、伝統食品ではない新規食品は、販売前にオーストラリア・ニュージーランド食品基準庁に申請を行い、新規食品に関する助言委員会の評価を受ける必要があります。ある食品が新規食品に該当するかどうか、新規食品である場合にどのようにして安全性を立証するかは、個別ケースごとに判断されます。申請や判断のガイドラインが公表されており、これまでどのような食品や成分について、どのような判断がされてきたのか、ウェブサイトから参照できるようになっています。

例えば、キノコのアガリクスは伝統的食品ではなく新規食品で、販売前に評価が必要です。アロエベラジュースは伝統食品ではないものの新規食品でもなく、オーストラリアの一部で販売実績があるといった判断をされています。

米国ではダイエタリーサプリメントについて、1994年10月15日よりも前に米国内で販売されていなかったダイエタリー成分は、新規ダイエタリー成分としてFDAに安全性に関するデータを届け出る必要があります。一般食品については、一般的に安全と認識される（GRAS：Generally Recognized As Safe）物質であることを、同じようにFDAに届け出ます。

いずれの場合も、FDAによって安全性データに疑義があると判断された場合には、そのことが公表されます。いずれにせよ、FDAが安全性を認めるまで販売ができないことになっています。

なお、FDAの食経験の定義はEU同様、広範囲な25年の使用となっています。

韓国の食品医薬品安全処は2016年5月に、食品に使うことができる原料のみを明示するポジティブリスト制を導入しました。そのために食品として使用されている多様な動植物のリストを作ったのです。

リストに掲載されていないものは食品として使用して販売できないので、使いたいものがある場合は食品医薬品安全処に申請する必要があります。安全性審査が完了して、「食品の基準および規格」に掲載されると、食品原料として使うことができるようになります。シンガポールは、世界で初めて培養肉の市販を認めた国になります。これに際して2019年に、新規食品規制枠組みを導入しました。これは近年盛んになってきた、いわゆるフードテックによってつくられた食品を市場に届けるための仕組みです。

事業者にとっても、食経験がないものを販売するときにきちんと政府による評価を受け、安全性が保証されていると言えることが重要なのです。規制と聞くと、すぐ取り締まりや締め付けというイメージを抱く人もいるかもしれませんが、産業が健全な成長を遂げるためには、適切な規制は必須です。

このように新規食品（ノベルフード）については、多くの国で市販前に第三者による安全性の確認を行う仕組みがあります。ひと口に新規食品と言ってもさまざまであるため、その判断は多くの場合ケースバイケースです。その判断基準が公開されており、一定程度国際的に合意できる水準にあることが確認できないと、食品の国際的流通にあたって障害となるだろうことは簡単に予想できます。「あの国ではどんなものでも食品と強弁すれば売れる」という国から食品を輸入するのは少し怖いですよね。

†海外規制機関に警告されている食品

サプリメントのような、食経験のない、濃縮された何かを含むようなものは、一般的な食品より健康被害につながる可能性が高く、世界中の食品安全担当機関が消費者向けにさまざまな助言や警告を出しています。そのうち日本でも販売されていて知っておいた方がいい例を紹介しておきます。

ハーブティーやハチミツのピロリジジンアルカロイド

ピロリジジンアルカロイド（PA）は植物に天然に含まれる有毒成分のグループを指します。6000以上の植物から500以上の異なるピロリジジンアルカロイドが見つかっていて、そのうちの不飽和PAと呼ばれるものは動物実験で遺伝毒性発がん物質であることが確認されています。動物では胎児毒性があることもわかっています。

ピロリジジンアルカロイドについて、日本では食品安全委員会が評価を行い、2004（平成16）年に厚生労働省が販売禁止にしています。PAを含む植物にはマメ科（*Fabaceae*）、キク科（*Asteraceae*）、ムラサキ科（*Boraginaceae*）の仲間が含まれます。牧場のノボロギクを食べて、放牧されている動物が中毒になったというような事例も報告されています。

ヒトでの有害影響として有名なのがコンフリーに関連した肝障害です。コンフリーはコーカサス原産で、野菜として食用にしていた地域もあるようですが、日本には明治時代に牧草として導入され、昭和40年代に健康によいと宣伝されたために家庭菜園に広く普及したそうです。健康によいと宣伝されてコンフリーの根の粉末サプリメントを常用、あるいは葉を食べて、肝静脈閉塞性疾患で死亡したり、肝臓移植が必要になったという事例が米国やニュージーランドで報告されています。

このコンフリーの健康被害事例では、健康食品として相当量を続けて食べたために明確な健康被害が出ていますが、ピロリジジンアルカロイドが含まれる植物は非常に多いので、少量なら私たち誰もが食べている可能性があります。

例えばフキやフキノトウ、ツワブキなどは毎日食べるようなものではないので、普通の食生活をしていて健康被害が出るようなことはまずありません。注意が必要なのはハーブティーです。2013年にドイツ連邦リスクアセスメント研究所（BfR）が調査した結果では、カモミールティーから相当量のピロリジジンアルカロイドが検出されていました。

ハーブティーはコーヒーや紅茶に含まれるカフェインをあまり摂りたくない子どもや妊婦さん向けに宣伝されることがあり、人によっては毎日同じものを飲み続けている場合があります。子どもや妊婦さんは、特にピロリジジンアルカロイドのような遺伝毒性発がん物質を摂るべきではないので、BfRは消費者に注意喚起するとともに、業界にもPA含量を減らすように指示しました。

その後、市販のハーブティーのPA濃度を監視しています。日本でもハーブティーは一部の人たちに人気があり、いろいろな商品が販売されています。ただ、ハーブと一口に言っても種類はさまざまです。ブレンドされたものもあり、実際にどんな植物が使われているのか、PA含量がどれほどなのかはよくわかりません。

植物としては、カモミール以外にルイボスからもピロリジジンアルカロイドは検出されています。また普通のお茶でも、お茶そのものにはピロリジジンアルカロイドが含まれなくても、一緒に刈り取られたピロリジジンアルカロイドを含む雑草が混入した事例などが報告されています。

どんな雑草が生えているかは地域によりますし、一般的に有機栽培の畑のほうが畑の中に雑草が多いので、混入するリスクは高くなります。天然物なので気候条件などにも左右され、管理は難しいところです。消費者にできることは、ハーブティーだけを飲むのではなく、いろいろな飲み物の選択肢の一つとして、ほどほどに楽しむことでしょう。

もう一つの注意すべき食品はハチミツで、オーストラリアのパターソンズコース（Paterson's Curse 別名サルベーション・ジェーン Salvation Jane）という花の蜜（エキウムハチミツ）などが、ピロリジジンアルカロイドを含みます。ハチミツの中には特定の花の蜜を集めたもの(単花ハチミツ)と、いろいろな花から集めたもの(百花ハチミツ)がありますが、PAを含む花の単花ハチミツはあまりたくさん食べないほうがよいでしょう。どの花がPAを含むのかわからない場合には、百花ハチミツが無難かもしれません。なお、天然の汚染物質が最も少なくて安全で、しかも安いのは普通の白い砂糖です。

ターメリック(ウコン)またはクルクミンによる肝障害

ターメリック(ウコン)はスパイスとして世界中で広く使われています。その成分であるクルクミンは食用色素として食品添加物としても認可されていますが、どちらもサプリメントとしてもよく使われます。アルコールの分解を促し、肝機能を強化することを宣伝するウコンのサプリメントは、日本のコンビニなどでもよく見かけます。

食品添加物としてのクルクミンの1日摂取許容量は3mg/kg体重/日ですが、サプリメントの場合、その何倍も摂取するようなものがあるようです。よく使われているということもあって、健康被害の事例も報告されています。

2023年にはオーストラリア医療製品規制庁(TGA)が、ターメリック(ウコン)またはクルクミンを含む医薬品やハーブサプリメントには、まれに肝障害を引き起こす可能性があることを、消費者および医療従事者に警告しています。

ターメリックを含む製品を使用して肝臓に問題が生じた事例は18件ありました。そのうち9例については、ターメリックが肝障害の原因である可能性を示唆する十分な情報を得られ、さらに4例では、ターメリック以外の成分は原因ではないと考えられました。2人は重症で、そのうち1人は死亡しています。

これはTGAが2023年までに受け取った報告の内訳です。それ以外にも、論文で報告されていたり、オーストラリア以外の国の規制機関が把握している情報もあることから、ターメリックについての注意喚起が必要であると判断されました。

ターメリックそのものは比較的長く販売されてきたものです。それもあって、その主成分とされるクルクミンは経口摂取ではほとんど体内に吸収されず安全である、つまり人体への影響はありそうにないと考えられてきました。ところが近年、そのクルクミンをより高濃度に含むサプリメントや、クルクミンの人体への吸収を高めたと宣伝するサプリメントなども販売されるようになりました。これにより、健康被害が起こりやすくなっている可能性があります。

先に米国のダイエタリーサプリメントのところで紹介した、薬物誘発性肝障害ネットワーク（DILIN）によるターメリックに関連する肝障害事例報告の増加も、ターメリックの吸収率を上げるため、サプリメント錠剤にコショウの成分であるピペリンが加えられていることが原因である可能性が指摘されています。

また、他の理由で肝障害の既往症のある人はリスクが高いです。

ターメリックサプリメントによる肝障害の問題については、2018年から19年にイタリアでも21人の急性胆汁うっ滞性肝炎の事例が報告されました。そのためサプリメントには、肝臓や胆のうの機能に問題のある人は使用しないようにという警告表示をすることが要求されています。

そして2020年には、英国毒性委員会もこれに注目して、詳しい検討がなされました。ターメリックサプリメントの問題点として、鉛や鉄などの汚染物質や別の植物の混入や、1日摂取許容量を超過するような投与量、吸収率を上げるための細工が施されていることなどを挙げています。

結局のところ、ターメリックはスパイスや食品添加物として親しまれてきたものですが、サプリメントとして販売されているものはまったく別物であると考えたほうがいいということです。

肝機能に不安のある人はターメリックサプリメントの有害影響を受けやすいということを考えると、お酒を飲むときにウコンサプリメントを使って肝臓への負担を大きくするのは賢明ではないと思われます。

以上、海外のサプリメントをめぐる制度の概略から、食品の機能性を科学的に評価するのはとても難しいということ、そして食経験のないものの安全性をどう確保するかが重要な課題であることがわかります。サプリメントと医薬品との境界は、国や地域によって歴史的文化的な背景が異なるため、万国共通の定義は難しそうです。

では、日本において食品と医薬品の境界線はどのように引かれているのでしょうか。次の章ではこの点について、じっくりみていきたいと思います。

第五章

食品と医薬品の境界線

†食品と医薬品のあいだ

第四章では、海外のサプリメントをめぐる規制の状況を紹介しました。本章では、日本における食品の安全確保のための法律や規則などを、一部医薬品の場合と比較しながら紹介したいと思います。

サプリメントやいわゆる健康食品の中には、一見医薬品のような見た目で、医薬品に近い効果を宣伝しているものがあります。第二章で、医薬品以外で口から摂取するものはすべて食品という定義を紹介しましたが、実際には食品と医薬品の境界は、それほどすっきり分けられるものではありません。

例えば、魚油に含まれるオメガ3脂肪酸の錠剤のような食品に近い医薬品、サプリメントのような医薬品に近い食品の両方があります。食品に分類されるか医薬品に分類されるかは国や地域、時代によって変わり、法律を運用するための便宜上のものです。

境界線上にある特定の製品が、食品から医薬品に分類が変更されたとたん、急に危険になるわけではありません。しかし医薬品と食品の安全性確保の考え方は異なるので、行政の対応が違ってきます。

医薬品は、一般的にリスクの高いものを管理するための制度によって、行政が手厚く管理しています。一方、食品は消費者の自由に任されている部分が大きいため、行政の管理は手薄になります。つまり、もし境界領域にある錠剤が医薬品に分類されているのなら行政が管理していることを期待できますが、食品に分類されていれば消費者自身で注意する必要があるというわけです。

†食品衛生法と薬機法

食品安全の全体的な仕組みは、食品安全基本法に定められている食品安全リスクアナリシスに従って運営されています。実際に販売されている食品の安全基準や規格に関する手続きは、食品衛生法で規定されています。食品衛生法は1947（昭和22）年に公布されたずいぶん古い法律ですが、何度もの改正を経て現在の形になっています。

一方、医薬品は医薬品、医療機器等の品質、有効性及び安全性の確保等に関する法律（薬機法）によって運用方法が定められています。こちらは1960（昭和35）年に公布された法律です（当時の通称は薬事法）。

どちらも所管は厚生労働省でしたが、2024（令和6）年4月1日付で、厚労省健康・生活衛生局食品基準審査課が廃止され、消費者庁食品衛生基準審査課に移管されました。もともと消費者庁にあった食品表示関連業務とあわせて、消費者庁が食品衛生法の主な所管官庁となったのです。

食品と医薬品で最も大きく違うのは、医薬品や医療機器は国による審査を経て許可されたものだけが使用できるのに対し、食品そのものは個別に事前承認されているわけではないことです。医薬品は人体に対して大きな影響があるので、安全性と有効性を確認したうえで、国家資格のある人たちによって患者に使用され、厳密に管理されています。食品に対して、そこまでの管理は不可能です。もちろん、食品添加物や残留農薬のように、販売前の安全性評価を経て許認可が必要なものもありますが、食品全体のうちほんの一部です。

また、食品衛生法が対象にしているのは基本的に販売されている食品のみで、自分で作って自身や家族が食べるような手料理は対象ではありません。イメージとしては、医薬品はすべてが管理されている、食品は一部が管理されている、といった感じです。

ただし、自分で作って食べる食品が規格基準や許認可といった管理の対象ではないとしても、それを安全にするための助言は提供されています。管理が消費者の手に任されている、といったほうがいいかもしれません。罰則がないからといって安全性をないがしろにしていいわけではありません。最新の安全管理手法を学んで家庭でもできることを実践することは、自分と家族を守るために役に立ちます。特に小さい子どもや高齢者、持病のある人が家族にいる場合には、注意すべきことが増えます。

食品衛生法は、食品の安全性についての考え方の変化を反映して改正を重ねてきました。最近の重大な改正として、HACCP（ハサップ）に沿った衛生管理の制度化を挙げることができます。

†食品の安全性確保の基本――HACCPとハザードアナリシス

2021（令和3）年6月1日以降、原則として、すべての食品等事業者はHACCPに沿った衛生管理を行うことになりました。食品等事業者には食品を配達する人も含まれます。HACCP（Hazard Analysis and Critical Control Point）とは、食品等事業者自らが食中毒菌汚染や異物混入等の危害要因（ハザード）を把握した上で、原材料の入荷から製品の出荷に至る全工程のうち、それらの危害要因を除去または低減させるために特に重要な工程を管理し、製品の安全性を確保しようとする衛生管理の手法です。小規模事業者でも実施できるように、手引きや研修が各種団体から提供されています。

ここでまず強調しておきたいのは、食品は傷みやすく衛生管理が必須だということです。当然のことですが、食品は、放っておくと腐ったりカビが生えたりして食べられなくなります。間違った取り扱いをすると簡単に健康被害を引き起こす原因になってしまうので、すべての人が注意する必要があります。

HACCPに沿った衛生管理の制度化の背景として、いくつかの点を挙げることができます。まず、食品の多様性がますます高まる中で、個別の食品について細かい基準を国が定め、それを事業者が守るといった硬直したやり方では規制が追いつかなくなっていること。また、安全性を確保するためには、最終製品を検査して不合格のものを排除するというやり方ではなく、原材料から提供までのすべてのプロセスをまんべんなくカバーする工程管理が必要だという、考え方の変化などがあります。もちろん、牛乳の脂肪分や微生物数といった規格基準のあるものは、それを守るのは当然です。それだけではなく器具をきちんと洗ったか、温度はどうかといった記録をつけて、問題があれば改善してよりよいものにする姿勢が求められます。

建前上、HACCPの制度化によって、日本で販売されているすべての食品はHACCPの考え方に基づいた安全管理がされていることになりました。しかし当然のことながら、規則を遵守するかどうかはまた別の問題です。

HACCPで最初に行うのは危害要因(ハザード)の把握、ハザードアナリシスです。ここで健康被害につながりそうなものをすべて洗い出します。

パンやおにぎり、牛乳のようなこれまでよく食べてきた普通の食品なら、どこに危害要因があるのか、何に気をつけ ればいいのか、すでにわかっていることがたくさんあります。

そして安全管理において最も重要な部分を、重要管理点（CCP：Critical Control Point）として重点的に管理するのです。例えば殺菌工程が重要なら、温度と時間を記録して確実に殺菌されるようにする、といったことが必要になります。

ところが、サプリメントのような健康食品には多くの場合過去の経験がなく、どうすれば安全になるかは製品ごとに検討する必要があります。しかしながら、それがきちんと行われていないのが現状です。

一般的にこれまで食経験のないものについては安全性のデータをしっかりとる必要があります。身体への影響が出るような「効果」があれば副作用もあるので、きちんと管理をしなければ安全だとは言えない場合がほとんどです。危害要因分析を適切に行って、確実に安全なものだけを作ることが徹底されていれば、明確な効果のあるサプリメントなど販売されていないはずなのです。

†営業許可制度と漬物騒動

食品を業として販売する人は営業者と呼ばれ、食品のリスクに応じて許可が必要な「要許可業種」、届出が必要な「要届出業種」、そして「それ以外」に分類されます。この制度で考慮されている「リスク」とは主に微生物やこれまでの食中毒事件の経験などです。

漬物の製造販売が要許可業種になったことがしばらくメディアで話題になっていました。2012年に大腸菌O157汚染のある白菜の浅漬けによる集団食中毒で8人が亡くなったことを受け、漬物についてもリスク管理基準が引き上げられたのです。

許可を得るために製造施設に衛生的な専用の作業場を設けることや、カビの発生を防ぐ換気設備、手洗い専用の洗い場を設けるなど、一定の衛生基準を満たすことが求められます。これによってこれまで農作業や家事の傍らで小規模に漬物を作って道の駅などで販売していた個人のなかに要件を満たさなくなる場合があり、「おばあちゃんの漬物が消える」といった報道が相次ぎました。

どちらかというと、規制が厳しすぎるとして小規模漬物業者に同情的な論調が多かったようですが、必ずしも事実を適切に伝えた報道ばかりではなかったと思います。

まず、漬物の安全性に以前より高い水準が求められるように変化したことが重要なポイントです。これには以下のような理由がありました。

一つ目は、ベースラインとして食品全体に要求される安全性の水準が、年々高くなっていること。以前とは要求される安全性の水準が違います。高齢化も、健康被害を起こしやすい人が増えるという意味ではより高い安全性を必要とする理由になります。

次に、減塩傾向を挙げることができるでしょう。かつての時代のような高塩分は今の時代には歓迎されません。一方で、減塩すれば、当然保存性が低下します。

また、気候温暖化の影響もあります。気温が上昇すると、冷蔵されていない食品の微生物の繁殖速度は一般的に高くなります。微生物や動植物の生存可能な地域の分布も時代とともに変化し、かつてはあまりみられなかった地域にカビや衛生昆虫などが発生していることもあります。そうすると、それらを管理するための方法を考える必要が生じてきます。

さらには、O157のような新しい病原性細菌の出現がありました。大腸菌が毒素をもつようになって、比較的少ない菌数で重症の食中毒を発症させるのがO157です。他にも新しい性質をもった微生物は自然に生じる可能性があり、その都度対応する必要があります。なお、野菜に大腸菌が付着するよくある理由は、近くに家畜がいることです。

そして、2021年の改正から24年5月末まで、新しい制度に対応するための十分な猶予期間がありました。事業をするからには、消費者に健康被害を与えないことは大前提です。漬物と一口に言っても、製品によってリスクやその管理方法は違います。

HACCPに基づいた衛生管理の基本に従ってある程度柔軟な運用が推奨されており、すべての零細事業者に大工場並みのピカピカの施設を求めているわけではないです。例えば、家畜の世話をしてきた長靴を洗うのと同じ洗い場で漬物用の野菜を洗うのは望ましくない、と指摘されるのは当然のことです。そうしたことを、保健所や専門家と一緒に考えて対処してくださいというのが法改正の趣旨なのですが、一部にはまったく伝わっていないようです。

お上が細かい基準を決めてそれに従う、ということではなく、事業者が自らリスクを考えて、最善の方法で管理していくことが求められるようになったのです。地方自治体や業界団体等はその地域の実情に応じて支援を提供していたので、もちろん地域差はあったと思います。

†特別の注意を必要とする成分

2017年に国民生活センターが、プエラリア・ミリフィカという植物成分を含む健康食品による若い女性の健康被害の報告が多いことを報告しました。プエラリア・ミリフィカには女性ホルモンと同様の働きをする成分が含まれており、バストアップや若返りなどを宣伝したサプリメントが販売されていました。それらを使用した比較的若い女性に月経不順や不正出血、消化器障害、皮膚障害などの症状が報告されていたのです。

これをきっかけに、もともとHACCPに沿った衛生管理の制度化などの食品衛生法の改正についての意見交換を行う予定だった食品衛生法改正懇談会で、多くの時間が健康食品対策について割かれました。いわゆる健康食品による健康被害は、消費者からは毎年数多く報告されているものの、多くは原因となる物質が不明等で因果関係が証明できず、行政として対応できることには限りがあります。

これまで厚生労働省が食品衛生法で流通禁止や販売禁止などの対策をとることができたのは、数百人規模で被害者が報告されているコンフリーとアマメシバのみです。その他は以下のようなわずかな注意喚起事例があるだけです。

・2002（平成14）年　ダイエット効果を宣伝していたガルシニアで動物実験で有害影響が報告されていることを注意喚起
・2006（平成18）年　アンチエイジングを宣伝していたコエンザイムQ10で下痢・嘔吐などの報告があったため注意喚起
・2007（平成19）年　花粉症の症状緩和を宣伝していたスギ花粉にアレルギーのリスクがあることを注意喚起
・2009（平成21）年　抗がん作用などを謳ったアガリクスで発がん促進作用の疑いがあると注意喚起

事業者への行政指導や消費者への注意喚起にどれだけの効果があるのかは、ものによって異なります。ただ、こうした注意喚起など他人事であるかのように販売され続けているものもあります。これは、流通禁止のような強い措置をとるには、行政側がその食品が健康に危害を及ぼすことを立証できなければならないためです。言い換えると、被害者が多数出て初めて規制が可能になると考えられているからです。

被害者がいるのかどうかは、現状は医師などが任意で報告するような形でしか把握することができません。そのため、2018年の食品衛生法改正には、健康食品への対策が含まれることになりました。

改正された食品衛生法の第8条で、特別の注意を必要とする成分を含む食品（指定成分等含有食品）による健康被害の報告義務が定められ、2019年には指定成分としてコレウス・フォルスコリー、ドオウレン、プエラリア・ミリフィカ、ブラックコホシュの4つが指定されました。これらを含む食品については、製造または加工にGMPが要求されます。

制度の運用開始後は、これら4成分を含む製品に関連した有害事象は定期的に報告され公開されています。驚くのは、メディアでも大きく報道され話題になったプエラリア・ミリフィカを含む製品が販売され続け、関連する有害事象も報告され続けていることです。

指定成分として名指しされたら売れなくなるという事業者の主張もあったようですが、

実際には指定成分であろうと気にせず使用する人たちもいるのでしょう。また、指定成分に必要な警告表示をせずに販売されている製品もあることから、報告が義務となっていてもそれが完全に守られているとは思えません。

そして最初は4成分で運用を始め、順次対象となる物質を増やしていくはずだったと私は理解しています。実際に4成分を選ぶ際に、化合物の毒性情報や海外での健康被害情報などから他に多数の候補物質があったのです。ただその後拡充されることなく、4成分のまま放置されていました。

制度があったにもかかわらず、運用のためのリソースが十分割り当てられなかったことも、原因であると思います。健康被害の報告とGMPを義務化するこの制度は、現在機能性表示食品の管理強化策として提案されていることと重複していますが、この先例があるので、機能性表示食品の管理強化も実効性が疑わしいと思ってしまうわけです。

GMPって何?

GMPはGood Manufacturing Practiceの頭文字で、直訳すると適正製造規範となります。考え方としては、一定の品質を保つことができるよう、原材料の入荷から製品の出荷までの過程において、適切な管理を実施することを求めるものです。

以下の3点を目的として、ガイドラインが作成されています。

・各製造工程における人為的な誤りの防止
・人為的な誤り以外の要因による製品そのものの汚染および品質低下の防止
・全製造工程を通じた一定の品質の確保

医薬品の場合には、国際的にも調和のとれた内容でGMPの認定・査察などが行われていますが、健康食品の場合には医薬品ほど厳密ではありません。現在、国内で審査を行っている第三者機関は2つあります。そこでチェックされる項目は、以下のようなものです。

・正しい原材料が使用され、製品に含まれている量は正確か
・衛生的に作られたか（施設や作業員の衛生状態など）
・異物が混入したり、他の製品との混同が生じたりしていないか
・どの製品も均質で設計どおりの内容か
・賞味期限内の品質は本当に保証されているか
・製造と品質管理に関するすべての記録が規定どおりに作成され、保管されているか

・規格外の製品が出荷されないよう、チェックする体制ができているか
・苦情などに対応できるよう、サンプルや製造・品質等の記録が残されているか

小林製薬の紅麹製品の場合、小林製薬が製造した紅麹原料を別の会社で錠剤として製造していました。その最終製品を製造した工場は、日本健康・栄養食品協会によるGMP認証を受けていたので、小林製薬は消費者庁への届出情報に「GMP認証あり」と書いています。しかしこの場合、GMP認証で保証しているのは、納入された小林製薬の紅麹原料が最終製品になるまでの工程で異物の混入や変質などがなく、規格通りの形や重さの錠剤にきちんと作られることで、原料そのものが安全かどうかは関係ありません。

例えば、極めて毒性の高い医薬品であるボツリヌス毒素もGMPに従って製剤として作られます。もちろんそれは、免許を持った医師が適切に使うことが前提です。ボツリヌス毒素を適切に扱った場合、安全かどうかの判断はGMPの守備範囲ではないのです。

紅麹製品をめぐる一件では、小林製薬が米と紅麹菌から紅麹原料を作る工程にGMPが適用されていなかったことが問題でした。ただその場合でも、発酵の際に生じる多種多様な化合物のロットごとの変動を、どこまで正確にあらかじめ許容できる濃度範囲として定めておくことができるかが大きな問題になります。微生物や細胞は、一回分裂するごとに

遺伝子に何らかの突然変異が起こる可能性がありますが、それはどこまで定義して許容範囲を設定できるのでしょうか。

一般的な食品、例えばみかんの場合、大きさや酸っぱさが違うみかんをどこまで正確に定義できるでしょうか。こうした困難さがあるために、機能性表示食品やトクホで一般食品に近いものについてはGMPを要求できません。そのため、GMPは義務ではなかったのですが、それをいいことに錠剤形態のものまでGMPを採用せずにいたわけです。

†健康被害の事例は共有されているか

先述の国民生活センターが報告したプエラリア・ミリフィカによる健康被害の事例は、PIO-NETに蓄積された情報によるものです。PIO-NETは国民生活センターと都道府県、政令指定都市および市区町村の消費生活センター等（約1250カ所）をオンラインネットワークで結んだ「全国消費生活情報ネットワークシステム」（Practical Living Information Online Network Systemの略）のことです。

国民生活センターは毎年消費生活年報で相談件数を公表しており、危害件数のトップはいつも化粧品か健康食品です。そのうち「健康食品」の相談件数と危害件数の推移をまとめたのが図表5－1です。消費生活相談の総件数はだいたい90～100万件で大きな変動

図表5-1　「健康食品」の相談と危害件数の推移

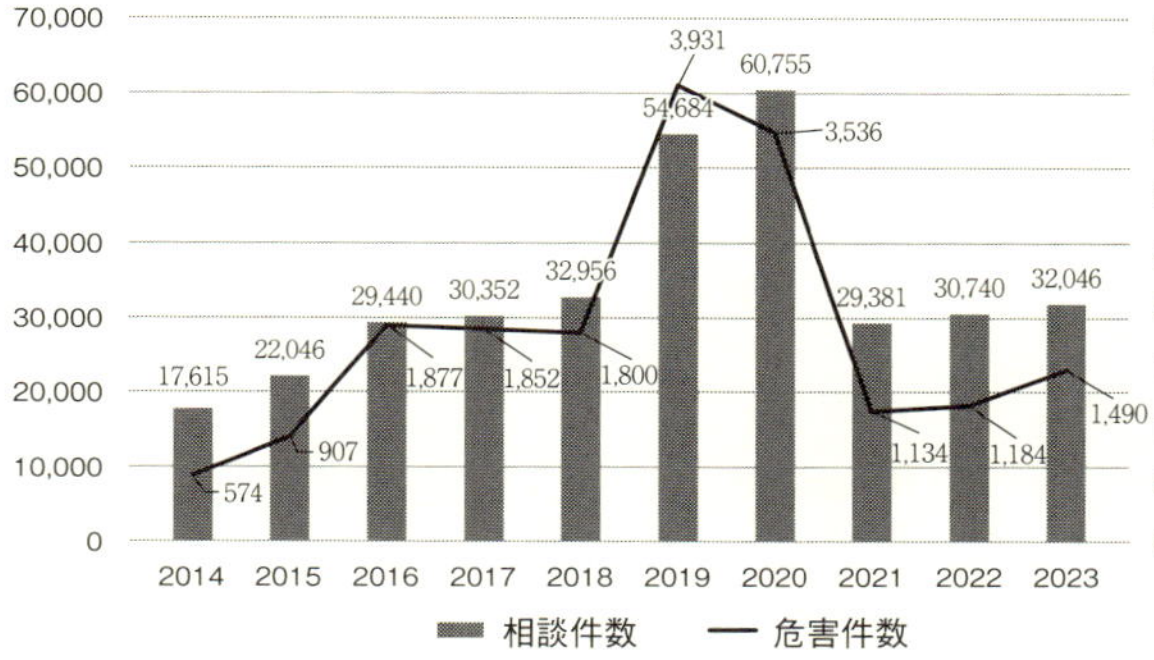

国民生活センター「全国の危害・危険情報の状況―PIO-NETより―」

はありませんが、「健康食品」の件数が増加しており、２０１５年前後と19年の増加が特に目立ちます。

２０１５年は機能性表示食品制度が始まった年、そして２０１９〜２０年は新型コロナウイルスパンデミックを経験した期間と一部重なります。19年はパンデミックの影響と考えるには少々早すぎるので、それが原因とは考えられませんが増加しています。相談件数の多くは購入の勧誘や契約などの経済的な内容で、危害の内容としては消化器障害、皮膚障害などが多いようです。

しかしながら、こうした消費者相談情報だけから特定の健康食品の成分が健康に危害を及ぼすことを証明することは一般的に困難で、年間４００件の危害情報が報告されていても、販売を制限された健康食品はありません。

†健康被害が報告されたら──医薬品と健康食品の対応の違い

図表5－2は健康被害疑い事例が発生した場合の対応を、医薬品と健康食品で比較してみたものです。

食品であるプエラリア・ミリフィカは、少なくとも2005年から消費者による相談があり、17年7月に国民生活センターが200件を超える危害情報をもって注意を呼びかけました。また厚生労働省も、17年9月に消費者への注意喚起と事業者への行政指導を行っています。それ以降もプエラリア・ミリフィカを含む製品の販売は継続しており、関連する健康被害の報告もなくなっていないことは、これまで述べてきた通りです。

一方、医薬品では2018年にラエンネックが一時的に販売中止された事例を紹介しておきましょう。ラエンネックは医師の処方によって使われる医療用医薬品で、成分はヒト胎盤抽出物であり、適用は慢性肝疾患における肝機能の改善です。実はこの製品は「プラセンタ（エキス）注射」（プラセンタは胎盤、エキスは抽出物の意味）として美容効果を謳い、保険適用外でも使われています。

2018年にB型肝炎の患者さんから検出された肝炎ウイルス遺伝子の断片が、この患者さんが使用したラエンネックからも検出されたという情報により、安全性確認のため販

図表5-2　食品と医薬品の違い

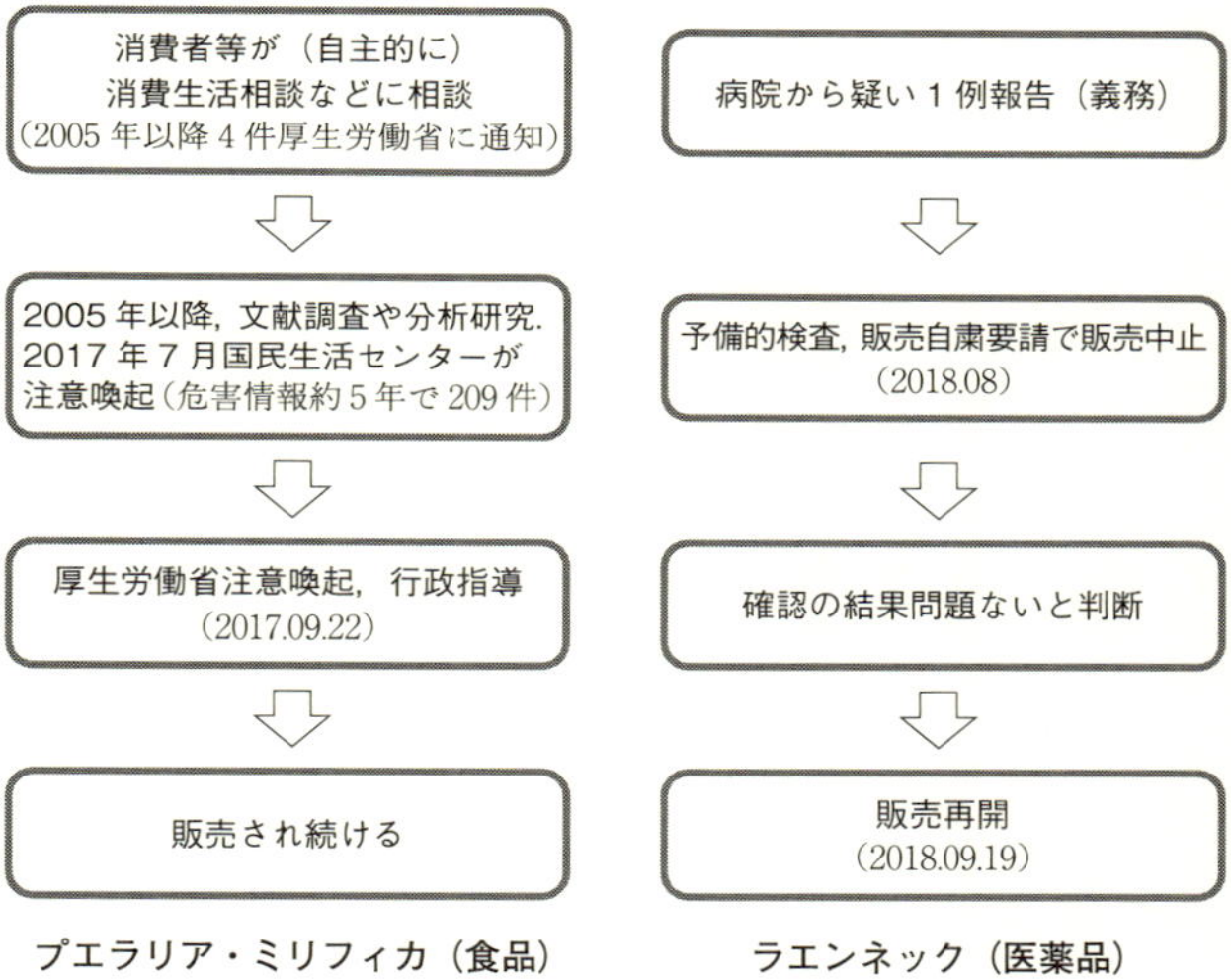
消費者等が（自主的に）
消費生活相談などに相談
（2005年以降4件厚生労働省に通知）
2005年以降，文献調査や分析研究．
2017年7月国民生活センターが
注意喚起（危害情報約5年で209件）
厚生労働省注意喚起，行政指導
（2017.09.22）
販売され続ける
プエラリア・ミリフィカ（食品）
病院から疑い1例報告（義務）
予備的検査，販売自粛要請で販売中止
（2018.08）
確認の結果問題ないと判断
販売再開
（2018.09.19）
ラエンネック（医薬品）

売を一次中止することになりました。

ラエンネックは製造工程でウイルスを不活性化しており、肝炎の原因となる活性のあるウイルスはいないと考えられました。しかし予備的試験で同じ遺伝子配列が検出されたことを重く見て、安全確認が必要だと判断されたのです。

その後検出された遺伝子配列は、不活性化したウイルスの断片であり、感染源である可能性はないことが確認され、販売が再開されました。この事例では発端となった疑い患者は1名ですが、医薬品の場合副作用の疑いがあれば報告することが義務づけられているため、報告がされました。

薬を飲んだ後に起きたことは、一見

関係なさそうな事象でも報告することが推奨されており、集められた情報から、医薬品医療機器総合機構（ＰＭＤＡ）が薬の副作用と考えられるかどうかを判断します。基本的に報告は医師が行いますが、患者からの副作用報告も受け付けています。そして医薬品の場合、行政からの指導に事業者は通常速やかに従います。

この場合、感染活性のあるウイルスが製剤に入っている可能性は低いと考えられるわけですが、念のため確認しています。販売に認可が必要な製品については、認可を取り消されれば売ることはできないので、指示に従わないという選択はできません。一方、食品は認可されてから販売しているわけではないので、行政指導の権限は限定的です。

†医薬品と機能性表示食品の成分

また図表５－３には、医薬品と機能性表示食品の成分表示についての例を示しました。医薬品の場合、製剤に含まれる成分は水も含めて明確に規定されています。一方、機能性表示食品では、有効成分と原材料名は記載されていますが、製品に含まれる有効成分以外のものは種類も量も不明です。

例えば、例示した製品では、機能性関与成分のルテイン10㎎の由来は食品添加物のマリーゴールド色素だと思われますが、マリーゴールド色素にはルテイン以外の色素も含まれ

図表 5-3　医薬品と機能性表示食品の規格

医薬品 X

成分及び分量又は本質	構成								
	基本単位	分量	単位	成分					
				配合目的	規格	成分コード	成分名	分量	単位
	1 製剤単位	85	mg	有効成分	別紙規格	999999	[redacted]	0.125	mg
				賦形剤	日局	009007	D-マンニトール		適量
				崩壊剤	日局	001438	トウモロコシデンプン	30.9	mg
				結合剤	日局	001438	トウモロコシデンプン	1.4	mg
				崩壊剤	日局	002122	軽質無水ケイ酸	0.9	mg
				結合剤	日局	002443	ポリビニルピロリドン K25	0.9	mg
				滑沢剤	日局	002223	ステアリン酸マグネシウム	1.2	mg

機能性表示食品 Y

規格項目	規格		備考
外観および性状	黒色の 4 オーバルカプセルで，異臭・異物の混入を認めない.		
カプセル総重量	387 ± 19 mg		
カプセル内容重量	240 ± 7 mg		
剤被水分率	5〜13% 以内		
一般生菌数	10000 個 / g 以下		
大腸菌群	陰性		
ヒ素	2 ppm 以下（As2O3 として）		
重金属	20 ppm 以下（Pb として）		
機能性関与成分の成分量	成分名	含有量 [1 日 2 粒(774 mg)当たり]	
	ルテイン	10 mg 以上	
	アスタキサンチン	4 mg 以上	
	シアニジン-3-グルコシド	2.3 mg 以上	
	DHA	50 mg 以上	

ます。しかしながら、そのことは表示されていません。名称の先頭に記載されている最も量の多い機能性関与成分が食品添加物というのは疑問ではありますが、とりあえず食品添加物には規格があり、安全性に関する情報も多いです。他の原材料であるエキス類は、機能性関与成分以外に何が含まれるのかはまったくわかりません。おそらく機能性関与成分より、記載されていない不明物質の量の方が多いでしょう。

「不純物」についても同じことがいえます。小林製薬の紅麹を含む製品で問題が発覚した直後、小林製薬が「紅麹原料から未知の物質のピークを検出した」と発表したとき、新聞や雑誌の記者から「製品を出荷する前に検査をすれば何が含まれるかわかるのではないのか」「どうして未知の物質が含まれることが販売前にわからなかったのか」といった質問が多くありました。

しかし一般的に食品では、販売されている商品に何が含まれているのかわからないことがほとんどです。残留農薬や特定のブランドの果物糖度のような、一部のあらかじめ決まっている項目を測定する以外、特に調べられることはありません。食品はもともと「未知の化学物質のかたまり」で、同じ名前で売られている野菜や果物であっても、その成分は多様だからです。

このことが、健康被害報告がいくら集まっても健康食品による健康被害だとは言いにくい理由の一つです。医薬品の場合、有害事象が報告された製品に含まれる成分は明確であり、同じ成分を含む他の製品での事象もあわせて検討することができます。成分の薬理作用（身体への影響）が明らかになっている場合が多いので、何らかの有害事象の原因成分はこれだろうと推定することも可能です。分解産物や代謝物も事前に研究されています。

しかし健康食品では、製品に最も多く含まれる成分ですらわからないことが多く、どの成分を表示し、どの成分を表示しないのかはその企業しだいです。同じ成分で同じような機能を宣伝している製品であっても、業者によって含まれる量が異なる場合もあります。

さらには、表示されている量と実際に含まれる量が違う場合も、しばしば報告されています。またサプリメントなどの健康食品の成分は、他の普通の食品にも含まれている場合が多いので、その人が食べたその物質の総量がどのくらいなのかを評価するのは非常に困難です。

このように、有害事象報告が義務ではないこと、有害事象が報告されたとしても特定成分との因果関係を確認することが困難であることから、サプリメントなどの健康食品を規制するのはとても難しいのです。

†医薬品の相互作用

医薬品の分野では、一人の患者が複数の医薬品を使用することが珍しくありません。そのため、薬物相互作用についての研究は非常に大事です。医薬品には「効果」がありますので、その作用によって別の薬の作用を抑制したり増強したりする可能性があります。特に併用してはいけない医薬品については、禁忌として注意喚起されています。

ただし、相互作用がある医薬品はすべて併用してはダメということでもありません。相互作用の種類や程度、患者さんの状態や必要性など、いろいろな条件を考慮して、医師と薬剤師の監督下で使うことになります。ときに食品とも相互作用をすることがあります。有名なのはグレープフルーツや納豆です。医師に食べ物について注意されたことのある人もいるでしょう。

一方、サプリメントなどのいわゆる健康食品は、基本的に健康な人が使うことを想定しているので、医薬品との相互作用を調べる必要はありません。しかし、現実には何らかの病気のある人が医薬品と併用している場合がかなり多いことがわかっています。さらに複数のサプリメントを併用している人もそれなりにいるようですが、それらの相互作用は調べられていません。

食品と医薬品に相互作用があるのなら、サプリメントなどの健康食品にも医薬品や他の健康食品との相互作用があると考えるのが自然です。しかし、積極的に調査する人がいない限り報告されることはないので、データとして蓄積されません。もちろん、目立つ事例は論文として報告されることもありますが、ごく一部でしょう。

この件で注意していただきたいのは、サプリメントやいわゆる健康食品の販売業者が健康食品の安全性に関する情報として「薬物相互作用について報告されていない」あるいは「情報が見当たらない」といった書き方で、あたかも薬物相互作用を心配する必要はないかのように消費者を誤解させているケースがあるということです。そもそも調べていないのだから情報がないのが当然です。しかし情報がないことは相互作用による有害影響がないことを意味しません。

基本的に、医薬品を使用している人は自己判断でサプリメントを追加すべきではありません。

†無許可無承認医薬品

第二章で、医薬品以外で口から摂取するものは食品であると説明しました。この場合の医薬品とは、基本的に日本薬局方に収載されているもの、有効性と安全性を評価されてヒトまたは動物の病気の診断、治療または予防に使用されるものを指します。一方、日本では医薬品として認可されていないけれども外国で医薬品として認可されているとか、かつて医薬品として認可されていたものの安全性に問題があることがわかって現在は使えないものなどは、医薬品を管理するための法律によって無承認無許可医薬品として対処されます。

大麻やけし、マジックマッシュルームなどの麻薬類似成分を含むものも、食薬区分で除外されたものを除き、食品ではなく医薬品として対処されます。

医薬品として認可されていないために、インターネットなどで「食品」として販売されていることもあるのですが、このような製品は死亡を含む重い健康被害が世界中で報告されています。いわゆる健康食品のなかでも、無許可無承認医薬品を含むものが最もリスクが高く、けっして手を出してはいけないものです。

日本でこれまでサプリメントやいわゆる健康食品として販売されていたものから検出された医薬品成分としては、メラトニン、漢方薬のオウゴンやセンナ、副腎皮質ステロイドのプレドニゾロンやデキサメタゾン、抗炎症薬インドメタシン、食欲抑制薬のシブトラミンやフェンフルラミン、性機能増強剤のシルデナフィルやタダラフィルなどがあります。

†中国製ダイエット用健康食品による健康被害

2002（平成14）年ころからは、未承認医薬品を含む中国製ダイエット用健康食品による健康被害が相次いで起こり、社会問題となりました。2006（平成18）年にまとめられた報告によると、「御芝堂減肥《おんしどうげんぴ》こう嚢《のう》」という製品を使用した194人に被害が出ています。そのうち、肝機能障害事例が135人（うち129人が女性、死亡1人、53人が入院）、甲状腺障害事例が19人（全員女性、1人入院）、ほかに詳細不明の40人（うち38人が女性、1人が入院）が被害に遭いました。

そして「せん之素こう嚢」という製品では、197人が同じように健康被害に遭い、その他の中国製ダイエット用健康食品によるものを合計した健康被害事例は796人、そのうち4人が死亡しています。

これらの製品から検出された未承認医薬品成分はN-ニトロソフェンフルラミンという物質で、かつて米国で認可されていたものの使用禁止となった食欲抑制剤フェンフルラミンの化学構造を少し変えたものです。「ダイエット用健康食品」と宣伝すると規制機関が食欲抑制剤を入れたことを疑って検査することが予想されるため、検査に引っかからないように構造を変えたものと考えられます。

まさに悪徳という感じですが、世の中にはそういう事業者もいるのです。N－ニトロソフェンフルラミンは医薬品として認可されたことはありません。これだけ大きな健康被害が出たことで注意するよう何度も呼びかけられているにもかかわらず、この手の製品は手を変え品を変え販売され続け、いまだに被害がなくなりません。

最近の事例では、中国ではなくベトナムなどから持ち込んで、SNSを使った個人間の取引で「ダイエット用ゼリー」「デトックスチョコレート」「痩せるお茶」などが販売されています。個人が海外から自分用の食品として日本国内に持ち込むことを阻止するのは困難で、SNSでの個人間取引は監視の目が行き届きにくいのが現状です。食べて痩せるなどという食品はありえないので、消費者一人ひとりに注意してもらうほかありません。

†食薬区分とは

ショウガのように、伝統薬としての使用方法もあり、食品になるようなものも多くあります。サプリメントやいわゆる健康食品の中には、そのような伝統薬として使用されていたものを掲げて効果効能を宣伝しているものがあります。しかし、伝統薬の中には明確に薬効があって有害影響が強いものもあります。そのため、医薬品と食品の間のグレーゾーンをどうするかが問題になります。

それに対応するために、1971（昭和46）年に食品と医薬品の区別（食薬区分）の判断基準を示しました。いわゆる「46通知」（医薬品の範囲に関する基準）と呼ばれるものです。そして、具体的な判断例として「専ら医薬品として使用される成分本質（原材料）リスト」（専医リスト）と「医薬品的効能効果を標榜しない限り医薬品と判断しない成分本質（原材料）リスト」（非医リスト）が公開されました。これが食薬区分リストと呼ばれるものです。

このリストは、製品の原材料（成分本質）についての判断を示したもので、「アロエ」や「胎盤」「メラトニン」といった動植物や化合物の名称が掲載されています。専医リストに掲載されている成分本質（原材料）は、いわゆる健康食品に使用することはできません。一方、非医リストに記載されているものは、医薬品医療機器等法上は医薬品に該当しないと判断されているもので、食品に使用できるかどうかはさらに食品衛生法などの規定に従う必要があります。

また、これはすべてのものをリストアップしたわけではなく、事業者から求められたものについての判断結果でしかありません。このリストは定期的に更新されていますので、参考にする場合には最新のものを確認してください。

この制度ができたのは50年も前です。現在は成分を濃縮した錠剤やカプセル剤が食品として販売可能になり、機能性表示食品制度ができるなど、状況が変わっています。食薬区分では摂取量の定量評価のようなことは行われないため、この区分だけでは食品として安全に使えるかどうかを判断することはできません。

†食品と医薬品の違いのまとめ

あらためて、食品と医薬品の違いをまとめておきましょう（図表5－4）。

まず、医薬品は厳密な審査を経てから使用が許可されますが、食品は基本的に一つひとつ許可を得てから販売されているわけではありません。食品企業が新製品を開発したり、レストランのオーナーが新メニューを考案したりするたびに販売認可を申請したりするわけではありません。食品事業を営むにあたっての認可や届出制度はありますが個別の食品は認可制ではありません。例外は食品添加物や残留農薬、遺伝子組換え食品などで、個別に事前評価を受けて認可されます。

医薬品を患者に処方することができるのは医師のみです。軽い風邪や頭痛用の市販薬であれば薬剤師に相談しながらセルフメディケーションといったこともありえますが、糖尿病や高血圧の治療薬は、医師が患者の様子をみながら医薬品を調整します。医師や薬剤師は国家資格で、相当の知識をもつことを保証されている人たちです。医療行為に何らかの法令違反があった場合には罰せられ、免許停止処分になることもあります。

図表5-4　食品と医薬品の違い

食品	医薬品
許認可制ではない	販売するのに認可が必要
審査はしない	安全性と有効性と品質を事前審査
消費者に任されている	国家資格をもった専門家が使用方法を指示・監視
食中毒は過小報告	有害事象は関係なさそうでも基本的に報告
補償制度はない	健康被害には補償制度がある

一方、食品はすべての人が自分で選んで食べることが可能です。自分で作ったり、あるいは自分で釣ったり採取したりした、市販されていないものを食べることもできます。当然食品に関する知識のレベルはさまざまで、ときには芽の出たジャガイモのような有毒植物を食べてしまい中毒になることもあります。

市販品を購入し、食べて中毒になった場合には販売業者の責任が追及されますが、自分で毒キノコを食べて中毒になったといった場合には、特に罰則はありません。とはいえそのような健康被害もないほうが望ましいので、食品安全関係の行政や民間の人たちは、予防のための活動をしています。

また、医薬品には有害事象を報告する制度があり、医薬品に関連して何らかの悪影響があったら報告することになっています。そうして蓄積した情報の中から副作用が浮かび上がってくることがあり、医薬品による副作用であることが認められたら添付文書への記載などの対応がとられます。有害事象報告は医薬品との因果関係がないものも多数報告されているので、この数だけを見て副作用が多いと判断するのは間違いです。

一方、食中毒は頻繁に起こっているのですが、少々おなかを壊しても病院に行かない人のほうが多いと思います。また下痢や腹痛で病院に行ったとしても、多くの場合治ればいいので、わざわざ検便などまでして原因菌を同定し、食中毒と診断されることはさほど多くありません。医師が保健所に届け出る数は、さらに少ないです。集団発生のような異常事態だと、食中毒として届出される可能性が高くなります。

そのため、食中毒として届出された件数は、実際の食中毒よりはるかに少ないと考えられます。米国などでは、食中毒件数は推定数で発表しているので、届出件数よりも多くなります。報告数と推定数を比べて、日本のほうが食中毒が少ないと考えるのは間違いなので、注意してください。

次に、医薬品を適正に使用したにもかかわらず、その副作用により入院治療が必要になるほど重篤な健康被害が生じた場合、公的な補償制度があります。医師の処方する医薬品だけではなく、薬局で購入した市販薬でも補償の対象です。これは、医薬品副作用被害救済制度といいます。

一方、食品にはそのような公的制度はありません。市販されている食品に有害物質が含まれていて健康被害に遭ったとしても、その被害に対して補償を行うかどうかは企業の判断しだいです。話し合いがうまくいかず裁判になる事例もよくあります。大規模食中毒事件となると、海外ではよく集団訴訟が起こされます。裁判で何を争うかにもよりますが、複雑で長い経過をたどることがあります。

第六章

サプリメントを飲む前に知っておきたいこれだけのこと

†日本の健康食品制度への提案

最終章では、これまでの章で指摘してきたことを背景に、これからどうすればいいのかを考えたいと思います。サプリメントを含む、いわゆる健康食品をめぐる状況を少しでも良くするための制度に関する提案をします。そして消費者向けの情報も集めてみました。

私は機能性表示食品制度が始まったばかりの2016年に『「健康食品」のことがよくわかる本』という本を出版しました。その中で、当時の日本の制度のままでは、科学的根拠の信頼性が疑わしい健康食品が売られ続けるだろうと予想しました。そして、食品を選ぶ際に参考になるのは機能性の宣伝ではなく栄養成分表示であることを指摘し、栄養成分表示の充実を提言しました。

約10年経って、健康食品の科学的根拠が予想以上にひどいものになっていることは、前章で示したとおりです。そして健康食品の根拠はこのレベルでいいと学習をしてしまった人たちが、業界だけでなく食品成分の機能についての論文を業績にしている研究者や大学教授にもたくさんいて、団体として大きな声を持ってしまった以上、改善は難しいと思われます。

また機能性表示食品制度の導入以降、トクホの申請が激減しました。機能性表示食品の導入時に、機能性表示食品制度が始まれば、いわゆる健康食品のような質の悪いものが淘汰されてよりよいものに置き換わり、市場の健全性が向上するという主張がありました。しかし実際に起こったことは、いわゆる健康食品が相変わらず販売され続け、機能性表示食品の増加によってトクホが減った――つまりより質の悪い、消費者にとってはまったく歓迎できない市場になった、ということです。

現状では、もはやトクホは存在意義を失っているかのようです。これはトクホがその理念としては国民の健康の維持増進を掲げてはいたものの、実際のところ企業のマーケティングツールでしかなかったことを示していると思います。宣伝効果が大して変わらないのなら、時間とお金を節約できる機能性表示食品のほうがいいと判断した企業が多かったのでしょう。

小林製薬の紅麹を含む製品による健康被害事件を受けて、現時点では制度が幾分変更されているものの大幅な改定は行われない見込みで、この傾向は続くでしょう。それならば、現状を少しでもましなものにするために、何ができるでしょうか。私が提案したいのは以下の3つです。

①新規食品の事前評価制度の運用

まず何より安全性確保が大事なので、第四章で指摘した、食経験のない食品が販売される前に評価する仕組みを、遺伝子組換え食品やゲノム編集食品だけではなく、すべての食品に拡大することを提案します。

食品衛生法では以下のように定めています（傍点強調は筆者による）。

食品衛生法第7条

一、厚生労働大臣は、一般に飲食に供されることがなかつた物であつて人の健康を損なうおそれがない旨の確証がないもの又はこれを含む物が新たに食品として販売され、又は販売されることとなつた場合において、食品衛生上の危害の発生を防止するため必要があると認めるときは、厚生科学審議会の意見を聴いて、それらの物を食品として販売することを禁止することができる。

二、厚生労働大臣は、一般に食品として飲食に供されている物であつて当該物の通常の方法と著しく異なる方法により飲食に供されているものについて、人の健康を損なうおそれがない旨の確証がなく、食品衛生上の危害の発生を防止するため必要があると認めるときは、厚生科学審議会の意見を聴いて、その物を食品として販売することを禁止することができる。

つまり、食経験のないものについては安全性の確認をすることができるはずなのです。すでに食品衛生法には条文があるので、それをコンスタントに実施する仕組みをつくることは可能だと思います。もちろん予算と人員は必要です。その際、新規食品の定義はできるだけ国際的によく使われているものに合わせておくことが望ましいでしょう。食品は世界中で流通するものなので、安全性に関する考え方が日本だけ違うと、なにかと不便だからです。

そしてこの新規食品を評価する仕組みが必要なのは、健康食品だけではありません。むしろ世界的には、今後ますます多様な技術を用いた食品が開発されるであろうフードテックへの関心が高まっています。こちらへの対処のほうが重要かもしれません。

培養肉や新しい調理方法の安全性の確認を、事業者だけに任せてよしと考えている国はほとんどありません。事業者側にしても、まったくの手探りで完全な自己責任のもとで開発を進めるより、業界や行政の合意に基づく指針があったほうが、ビジネス上のリスクを軽減できます。産業育成のためにも、適切な規制があって品質や信頼性が担保されていることが必要です。

今回の紅麹を含む機能性表示食品による世界でも例のない大規模健康被害事例は、欧米先進国なら普通の食品として販売されることはないであろうリスクの高い（医薬品成分を含む）食品が、日本では規制されることなく販売できるという事実を世界に周知させることになったと思われます。これはつまり、日本の食品安全システムは欧米先進国と同等の安全性を担保できないことを意味します。そのため、日本から海外に食品を輸出する場合の手続きが簡略化されることはありそうにない、と予想できます。

もともと、機能性表示食品制度の導入による経済活性化が喧伝されていたはずですが、逆に日本の食品を輸出する場合の阻害要因になる可能性さえあるという事態です。安全性への信頼なしに食品の取引は成立しません。安全性確保のための仕組みは商売のためには必須の要件であり、経済合理性の阻害要因ではないことを、規制改革会議のメンバーは理解していなかったのでしょう。

②栄養機能食品の枠組みを拡大して根拠のある健康強調表示を

次に食品の機能性については、時代遅れのトクホは廃止するのが望ましいと考えます。ただ今の状況が続けば、廃止するまでもなく利用されなくなるような気がします。その代わり、多くの国で採用され、広く国際的・科学的に認められている健康強調表示（ヘルスクレーム）については、栄養機能食品の枠組みを拡大してポジティブリストとして認めればよいでしょう。

現在日本の栄養機能食品で表示できるのは図表6－1のようなものです。

これですべてですが、EUの健康強調表示に似ていると思いませんか。

これを拡大して、つまり「カルシウムが骨の健康に役立つ」という項目と同じように、「食物繊維を一日○○g以上食べることで便通改善に役立つ」といった、事業者が自主的に表示できる項目を増やすことで、国際水準と同等の健康強調表示にすることが可能です。現状、トクホや機能性表示食品のかなりの部分を難消化性デキストリン（食物繊維の一種とみなされる）などの食物繊維関連が占めています。これを整理して、これまでと同じか、あるいは多少変更すればいいことになるでしょう。

機能性表示食品制度が導入された理由の一つは、小規模事業者でも食品に健康機能を謳いたい、という要望に応えることでした。栄養機能表示の拡大は、その目的にかなうと思います。

栄養機能表示では病気が治るかのような派手な主張はできませんが、食品の機能にとって大事なのは劇的な効果ではありません。仮に劇的な効果があって、その分副反応も劇的で、一部の人に後遺症を伴うような健康被害が出るようなことがあったら、小さな会社で

ビタミンE	ビタミンEは，抗酸化作用により，体内の脂質を酸化から守り，細胞の健康維持を助ける栄養素です.
ビタミンK	ビタミンKは，正常な血液凝固能を維持する栄養素です.
葉酸	葉酸は，赤血球の形成を助ける栄養素です. 葉酸は，胎児の正常な発育に寄与する栄養素です.

＊栄養機能食品の規格基準を記した食品表示基準別表第11から栄養成分とその機能表示部分のみを抜粋.

＊表示には1日あたりの摂取目安量を満たすことと注意喚起表示も表示する必要があることに注意.

図表 6-1　栄養機能食品で表示が認められているもの

栄養成分	栄養機能表示
n-3 系脂肪酸	n-3 系脂肪酸は，皮膚の健康維持を助ける栄養素です．
亜鉛	亜鉛は，味覚を正常に保つのに必要な栄養素です． 亜鉛は，皮膚や粘膜の健康維持を助ける栄養素です． 亜鉛は，たんぱく質・核酸の代謝に関与して，健康の維持に役立つ栄養素です．
カリウム	カリウムは，正常な血圧を保つのに必要な栄養素です．
カルシウム	カルシウムは，骨や歯の形成に必要な栄養素です．
鉄	鉄は，赤血球を作るのに必要な栄養素です．
銅	銅は，赤血球の形成を助ける栄養素です． 銅は，多くの体内酵素の正常な働きと骨の形成を助ける栄養素です．
マグネシウム	マグネシウムは，骨や歯の形成に必要な栄養素です． マグネシウムは，多くの体内酵素の正常な働きとエネルギー産生を助けるとともに，血液循環を正常に保つのに必要な栄養素です．
ナイアシン	ナイアシンは，皮膚や粘膜の健康維持を助ける栄養素です．
パントテン酸	パントテン酸は，皮膚や粘膜の健康維持を助ける栄養素です．
ビオチン	ビオチンは，皮膚や粘膜の健康維持を助ける栄養素です．
ビタミン A	ビタミン A は，夜間の視力の維持を助ける栄養素です． ビタミン A は，皮膚や粘膜の健康維持を助ける栄養素です．
ビタミン B_1	ビタミン B_1 は，炭水化物からのエネルギー産生と皮膚や粘膜の健康維持を助ける栄養素です．
ビタミン B_2	ビタミン B_2 は，皮膚や粘膜の健康維持を助ける栄養素です．
ビタミン B_6	ビタミン B_6 は，たんぱく質からのエネルギーの産生と皮膚や粘膜の健康維持を助ける栄養素です．
ビタミン B_{12}	ビタミン B_{12} は，赤血球の形成を助ける栄養素です．
ビタミン C	ビタミン C は，皮膚や粘膜の健康維持を助けるとともに，抗酸化作用を持つ栄養素です．
ビタミン D	ビタミン D は，腸管でのカルシウムの吸収を促進し，骨の形成を助ける栄養素です．

は到底補償などできないでしょう。小規模食品企業は製薬企業とはまったく違うのです。誰かの人生を背負うような大きな責任を伴う主張はすべきではないと思います。

またトクホや機能性表示食品で、多くの製品が「おなかに脂肪がつきにくい」「脂肪の吸収を抑える」といったダイエットに役立つような表現をしています。一方、日本でも脂肪の吸収を阻害する医薬品（商品名アライ、一般名オルリスタット）や肥満症の治療のためのGLP-1受容体作動薬（商品名ウゴービ、一般名セマグルチド）が本格的に処方されるようになってきました。食品で宣伝されている「効果」がいかに頼りない、あいまいなものかを実感する人たちが増え、幻想はやがて小さくなると思われます。本来、食べたら体重が減るようなものは食品ではないのです。

③栄養成分表示の充実と教育

そしてくりかえしになりますが、栄養成分表示の充実を希望します。現在、世界中で栄養成分については包装表面への表示（FOP）が推進されていますが、私は単純に脂肪やカロリーが少ないものが「ヘルシー」だというような、肥満の多い国で採用されているやりかたは日本には適さないと考えています。

痩せすぎの人にとってカロリーの少ないものは「ヘルシー」ではありません。高齢者にとっては、肥満の多い国で「健康によい」と推奨されるような食べにくくカロリーの低い食品は必ずしも推奨できません。日本において最適な表示がどういうものなのか、まだ議論の余地があります。

幸い日本人の多くは、食べた食品の総エネルギー量と自分にとって必要なエネルギー量にどのくらいの違いがあるか、といったことは数字さえあれば計算できます。自分の健康を自分で守るために一番大切なのは、サプリメントを使うことではなく毎日の食事をコントロールすることです。そのためには栄養と、科学的にコンセンサスのある一部の機能の表示が信頼できれば十分だと思います。

例えば、あなたが少し体重が重くて膝に負担がかかり長時間歩くのがつらく、年齢のせいか老眼も進んで小さい文字が見えにくく、皮膚のハリも若いときよりなくなったと思っていたとします。雑誌を見ると、体重が気になる人向けのサプリメント、膝によいというサプリメント、若々しさを保つと宣伝されているサプリメント、目のかすみに効果があるというサプリメント、そして皮膚のハリを保つという食品があるようです。それらを全部使っていたら、今度は肝機能の数値がちょっと上がったと言われ、心配で血圧も上がりました。次は肝臓用の栄養ドリンクと血圧によいという食品を使いますか。

こういうやりかたはよくないと気がつくのではないでしょうか。特定の機能を宣伝した健康食品で健康になろうと考えてしまうと、このようになりがちなのです。

個別の健康食品の宣伝に惑わされて時間とお金を使うのではなく、食品の健康的な食べ方をきちんと身につけて情報を判断し、適切な食生活を送れるようになることのほうがはるかに重要です。国は消費者一人ひとりのエンパワメントのための情報提供と教育にリソースを使うべきでしょう。

これから健康食品の制度が変わるにせよ変わらないにせよ、わたしたち消費者は現在の枠組みの中で生活していかなければなりません。そこで以下では、一人の消費者として健康食品とつきあうにあたって、知っておいたほうがいいことをまとめておきます。

全体としてのまとまりはありませんが、各項目を、自分自身を守るための知識として使っていただければ幸いです。

†健康食品が健康被害を起こしやすい理由

サプリメントなどの健康食品は一般的に普通の食品よりはリスクが高いですが、リスクが高くなる理由はいくつかあります。製品によってリスクの大きさはさまざまです。もしもどうしても健康食品を使用したい場合、その製品のリスクを判断するための目安として、リスクが高くなる要因を知っておくのがいいでしょう。当てはまる項目が多ければ多いほど、注意が必要だということになります。

①1回当たりの摂取量が多い

健康食品のなかには、普通の食生活からは摂ることがないであろう量を摂取することになるものがあります。一番わかりやすいのは、一回摂取量を普通の食事で食べる量と比較することです。

「ひと粒にシジミ100個分のX成分が入っています」と宣伝する錠剤があったとして、普通の料理の一人前にはそんなにシジミが入っているでしょうか？

②毎日続けて摂る

私たちはときどき一度にたくさんの食品を食べてしまうことがあります。いちご狩りのときにいちごだけでおなかをいっぱいにするようなことは、だれでも経験があるでしょう。でも、それを毎日続ける人はいません。普通の量の食品であっても、同じものばかり食べると飽きてしまうので、長くは続かないことがほとんどです。

ときに特定の食品がマイブームになって、毎日のように食べることもあるかもしれませんが、何カ月も何年も続くことは珍しいと思います。もちろんご飯やパンのように、長い間多くの人が食べて証明してきた、毎日食べても問題ない食品はあります。しかしそれ以外の多くの食品は、毎日食べることはないのが普通です。

ところが健康食品の中には、毎日摂取することが前提のものがあります。長く続けないと効果はみられないかのように宣伝している場合もあり、定期購入が勧められていることもあります。そうすると摂取量が多くなってしまいます。

毒性学の基本原則に、用量が多ければ有害影響が出る可能性が高くなる、というものがあります。一般的に摂取量（用量）は体重1kgあたり1日あたりの摂取量で表現されます。例えばある日ポテトチップスを100g食べたとしましょう。その日だけを計算するなら、体重50kgなら2g／kg体重／日になりますが、10日に1回だったら0・2g／kg体重／日になります。1カ月に1回なら0・07g／kg体重／日です。食品の健康への影響は通常は慢性影響なので（食べてすぐに影響が出るのは食中毒くらいです）、一般の食品の摂取量はそんなに多くはならないのです。

ところが毎日摂取する健康食品だと、日々の積み重ねで摂取量が多くなります。1日あたりの摂取量が多いものだったら、その影響はさらに大きくなります。小林製薬の紅麹製品は通販での定期購入を勧めていて、毎日摂取することが想定された製品でした。

③食経験がない

食経験というのは、一般的に20〜25年以上にわたって、一国の全人口相当の人たちが食事の一部として食べてきた実績をいいます。青菜をスープの具にして加熱して食べていた経験があったとしても、生の葉を乾燥粉末にしたものをそのまま食べることについては食経験があるとは言えません。加熱することと食べる量が同じであることを条件にすれば、加熱済みの葉を冷凍保存してスープの具に使ったり、生の葉を粉末にしたものをスープに加えて煮込んで使ったりすることについてであれば、食経験があると言えるかもしれません。

食経験は、いわば人体実験の結果ですので、その条件で特に目に見える問題が起きていないことの担保にはなります。ただし日本は人類がこれまで経験したことのない高齢化社会に入っています。そのため高齢者での食経験が十分にある食品はあまりなく、今後、いままで発覚していなかった問題が出てくる可能性はあります。発がん性のような有害影響も、長い間食べ続けないと明らかにならず、これから判明するものがあるかもしれません。

今回問題になったサプリメントに使われていた紅麹は、豆腐ようや、豆腐ようを使った郷土料理として親しまれてきたと言われますが、実際にそれをどのくらいの人たちがどの程度食べてきたのかはよくわかりません。それでもそうした料理に含まれる紅麴には、一定程度の食経験があると言えるかもしれません。しかし紅麴を錠剤にしたものは食経験がありません。郷土料理に含まれる紅麴菌とサプリメント製造のために培養した紅麴菌が同じかどうかもわかりません。

④効果があれば副作用がある

医薬品の場合、効果には副作用が伴うことが多くの人に認識されていると思います。医薬品にかぎらず、食品にも副作用はあります。一般的に健康食品は、効果がほとんど実感できないようなものばかりですが、それらは効果が弱いぶん副作用の心配もあまりなく、安全と言えます。食品は効果がないから安全なのです。

紅麴の場合、実際に効果があったという人がいるようです。それは処方薬として使用されているロバスタチンと同じ成分を、効果が出る量摂取したことを意味します。つまり、サプリメントが効果を発揮するには、医薬品並みの注意が必要だということになります。

医薬品の場合、一般用のものであっても添付文書というものが必ず付いていて、そこに副作用や注意すべき事項が記載されています。スタチン系の医薬品であれば、禁忌（次の患者には投与しないこと）として過敏症の既往歴のある患者、妊婦または妊娠している可能性のある女性および授乳婦が挙げられています。また重大な副作用として横紋筋《おうもんきん》融解症、肝機能障害、血小板減少、間質性肺炎、ミオパチー、末梢神経障害、過敏症状など、その他の副作用として皮膚の発疹、そう痒《よう》、蕁麻疹《じんましん》、胃不快感、下痢、腹痛、肝臓LDH上昇、ALP上昇、尿酸値上昇、尿潜血などが記載されているでしょう。

⑤健康でない人が使う可能性が高い

健康食品で宣伝されている健康への効果効能には多様なものがあります。例えば、食物繊維を多く含むのでおなかの調子を整えるとか、虫歯になりにくいキシリトールを使用している、といった商品は、持病のある人に特にアピールすることはないでしょう。しかし、コレステロールが下がるとか血圧を下げるといった効果の宣伝は、コレステロールや血圧が高い人にアピールするため、持病のある人が手に取りやすくなると思います。

実際、小林製薬の紅麹製品は商品パッケージに「悪玉コレステロールを下げる」「L／H比を下げる」と表示し、「LDLコレステロールが高めの方に」向けて販売されました。コレステロールが高いほかはまったく健康な人、というのはどうやって確認するのでしょうか。コレステロールが高い状態が長く続いている人は、自分では気がつかないうちに心血管系や肝臓などに何らかの異常があるかもしれません。実際には明確に持病があって、病院で薬をもらっていながら健康食品を使っている人が多いことが各種調査で報告されています。

小林製薬は届出の中で、「疾病に罹患している場合は医師に、医薬品を服用している場合は医師、薬剤師に相談してください」という記載があることから、健常者が適切に摂取するはずだと主張しています。しかし包装の裏面に小さく印字されているこの文章では、病気の人が摂るのを予防するには不十分であったことは明らかです。

⑥専門家ではない消費者がリスク管理

医師は、薬の効果が出ているかどうかを監視するだけではなく、副作用が出ていないかどうかもみています。何か問題がありそうだったら投薬を中止するなどの対応を速やかにとるわけです。

小林製薬の紅麹製品を使用して健康被害に遭った方の中には、調子が悪いのに摂り続けていた人もいたようです。もし医薬品の添付文書のように、記載の症状が表れたら注意するようにという情報があったら違った対応をとれたかもしれません。いずれにせよ、効果のあるものには副作用もあります。それだけ注意深い対応が必要で、だから明確な効果のあるものは医薬品として扱うべきなのです。

⑦リスクの高さを多くの人が認識していない

いわゆる健康食品はリスクが高いということが、一般の人たちに広く知られてはいません。例えば、包丁の使用はリスクが高いことはみんなが知っているので使い方に注意します。誰かが「包丁を振り回して遊ぶと楽しい」などと言ったりしたら、周囲の人たちみんなが止めるでしょう。

しかし健康食品の場合には「薬の代わりに健康食品を」と勧めるような人を、みんなで止める状況にはなっていません。家族や友人に「最近ちょっと調子が悪い」といった話をして、薬を飲んでいることがわかると、その薬の飲み合わせは大丈夫なのだろうかと調べてくれたり、医師に相談したほうがいいと助言をもらったりする場合が多いでしょう。でもそれがサプリメントなど健康食品だと、本人はもちろん周囲の人も疑わない傾向があります。

消費者庁などは薬と同じように、健康食品の使用の記録をつけるように啓発資料を提供していますが、お薬手帳ほど浸透していません。

†ビタミン剤を使うときは健康食品ではなく医薬品を

主なビタミンは一般用医薬品として薬局で買うことができます。食事からの摂取量が足りない、あるいは明確に不足しているかもしれない症状がある、口内炎などのビタミン剤が適用になる症状がある、といった場合には、食品ではなく医薬品のビタミン剤を選びましょう。

サプリメントのほうが安い場合もあるかもしれませんが、医薬品の価格には品質と保証が含まれます。医薬品なら添付文書がついていて、そこに使用上の注意や効果効能など、必要な情報が記載されています。

仮にその医薬品が原因で何らかの重大な副作用を経験した場合には、救済制度がありま す。医薬品の錠剤には何が含まれているかわかっています。健康食品だと、目的とするビタミンの量は医薬品ほど正確ではなく、保管条件によってそれがどのくらい壊れるのかも明確ではありません。不純物が含まれる場合もあります。万が一健康被害に遭っても公的な救済制度はなく、賠償してもらうためには裁判に訴える必要があるかもしれません。「たかがビタミン」と思われるかもしれませんが、毎日口に入れるものの安全性はしっかり確認するようにしましょう。

†絶対に手を出してはいけない宣伝

いわゆる健康食品の中でも段違いにリスクが高く、違法薬物が含まれている可能性の高い宣伝が以下の3つです。

①「痩せる」

食べて痩せるなどということはありえません。体重が減るというのは相当強い毒性影響で、食欲抑制剤や下剤成分が含まれる可能性があります。

ごくまれに、本当に「脂肪を燃やす」作用のある薬物である2,4-ジニトロフェノール（DNP）という物質が含まれていることがあります。これは、海外で死亡例が多数報告されています。「おなかの脂肪が気になる方に」といった文言を表示している特定保健用食品など、多くの健康食品ではほとんど効果はなく、それゆえ安全なのです。本当に痩せてしまうようなサプリメントには、命にかかわる危険が潜んでいます。

②「筋肉増強」

スポーツ選手や筋肉トレーニングをしている人が使用することが多い製品の中には、筋肉をつきやすくするたんぱく同化ステロイドが含まれるものがあります。これらを摂取することはいわゆるドーピングになるので、例えばオリンピックに出るような選手だと大会参加資格がなくなるリスクがあります。

ステロイドは確かに有効ですが、副作用も強く、医師の処方でのみ使うべき薬物です。10代の育ち盛りの学生が、体の大きさが成績に直結するような部活動で活躍したいと思っているような場合に、こっそりインターネットなどで購入してしまうようなことがないよう、周囲の大人が気をつけなくてはなりません。

③「精力増強」「性機能強化」

もともと精力増強を謳った製品の人気は根強く、1990年代後半にシルデナフィル（バイアグラ）が認可されたころから、偽物の医薬品を含め膨大な数の類似物質が作られ、非合法的に流通するようになりました。

正規の医薬品成分であるシルデナフィルとタダラフィルの構造の一部を変えた物質を作って、規制の網を逃れようとする業者が世界中にいます。錠剤やドリンクなど、さまざまな形で販売されています。性機能障害の場合、日本では病院に行けば承認された内服薬が処方され、安全に使えるはずなので、怪しい製品をインターネットなどで購入しないようにしましょう。

もし以上のようなことを宣伝する製品を使用して健康被害に遭っても、非合法の事業者が謝罪や補償をすることなど期待できません。お金だけでなく命まで失いかねないので、この手のものには絶対に手を出さないでください。

†学術論文からの情報も参考に

サプリメントについて参考にしてほしい論文の情報をいくつか紹介します。

①ビタミン、ミネラル、マルチビタミンサプリメントの有効性

米国でプライマリケアと予防医療の有効性を評価する独立した委員会、アメリカ予防医学専門委員会（USPSTF）が、心血管系疾患とがん予防のためのビタミン、ミネラル、マルチビタミンサプリメントの有効性について評価した結果を2022年に発表しています。内容は以下のようなものです。

・心血管系疾患とがん予防のためのベータカロテンサプリメントはベネフィットより害

のほうが大きい。ビタミンEサプリメントにはベネフィットはない。
・心血管系疾患とがん予防のためのマルチビタミンサプリメントはベネフィットと害のバランスを決めるための根拠が不十分。
・心血管系疾患とがん予防のための他の単一あるいは組み合わせサプリメントはベネフィットと害のバランスを決めるための根拠が不十分。
・それとは別に妊娠可能性のある人は毎日0・4～0・8mgの葉酸を摂るように。

②米国で肝障害が報告されている6つの植物成分

米国の医師たちは、薬物誘発性肝障害ネットワーク（DILIN）という監視計画で患者の肝障害の動向を調べています。このネットワークに報告された、肝障害の原因になる可能性の高いサプリメントが以下の6つです。

・ターメリックあるいはクルクミン（ウコン）
・緑茶
・ガルシニア・カンボジア
・ブラックコホシュ

・ベニコウジ
・アシュワガンダ

これらについては避けた方が賢明でしょう。ただしここで緑茶というのは茶カテキンを主成分とするサプリメントのことで、煎茶を日常的に飲むことによる被害はないと考えられます。一部の人たちは、日本人は緑茶をよく飲むのであまり太っていない、だから緑茶をサプリメントで摂ればいい、と緑茶を宣伝しています。

そしてDILINでも、2000年代初めから紅麹サプリメントについて注意喚起をしていたことに、改めて注目したいと思います。ターメリックについては第四章でも紹介しましたが、加工によってこれまでとは異なる性質を持つ可能性があるため要警戒です。

③食品の効果についてのメディア報道は信用できない

テレビや雑誌などで、ある食品にはがんを予防する効果があることがわかった、別の食品は発がん性があるらしい、といったニュースがしばしば報道されます。その情報源はどこかの大学の研究論文かもしれません。

外国の名門大学の研究者が有名な雑誌に論文を発表したと聞くと、信用できる情報なのではないかと思ってしまうかもしれません。ですが、少し待ってください。もしもその論文の内容が「Xを多く食べる人はあまり食べない人に比べてがんになる可能性が少し高いことと関連した」というようなものだったら、Xに発がん性がある可能性はほとんどないといえます。これは栄養疫学という分野の観察研究で関連が示唆された、というタイプの研究で、それを根拠にして因果関係を主張することはできないことが、学界では常識です。

ここでぜひ参考にしてほしい論文を紹介します。2013年に *The American Journal of Clinical Nutrition* という雑誌に発表された論文で、がんと食品の関連について報告されたそれまでの論文を集めてまとめたものです。

図表6-2の、点の一つひとつが研究（論文）に相当します。

図の真ん中の相対リスク1を中心に、1より大きければ（右側）がんの増加に関連、1より小さければ（左側）がんの抑制に関連、という報告です。マスメディアならば、右側に点があればがんを増やす、左側に点があればがんを抑制する、と報道するでしょう。

市販の料理本によく出てくるような食品で挙げられているのは、ワイン、トマト、お茶、砂糖、塩、ジャガイモ、豚肉、玉ねぎ、オリーブ、ミルク、レモン、卵、トウモロコシ、コーヒー、チーズ、ニンジン、バター、パン、牛肉、ベーコンです。これらの多くにがんの増加に関連するという論文と、がんの抑制に関連するという論文が複数あります。

図表6-2　がんと食品の関連について報告された論文の分布

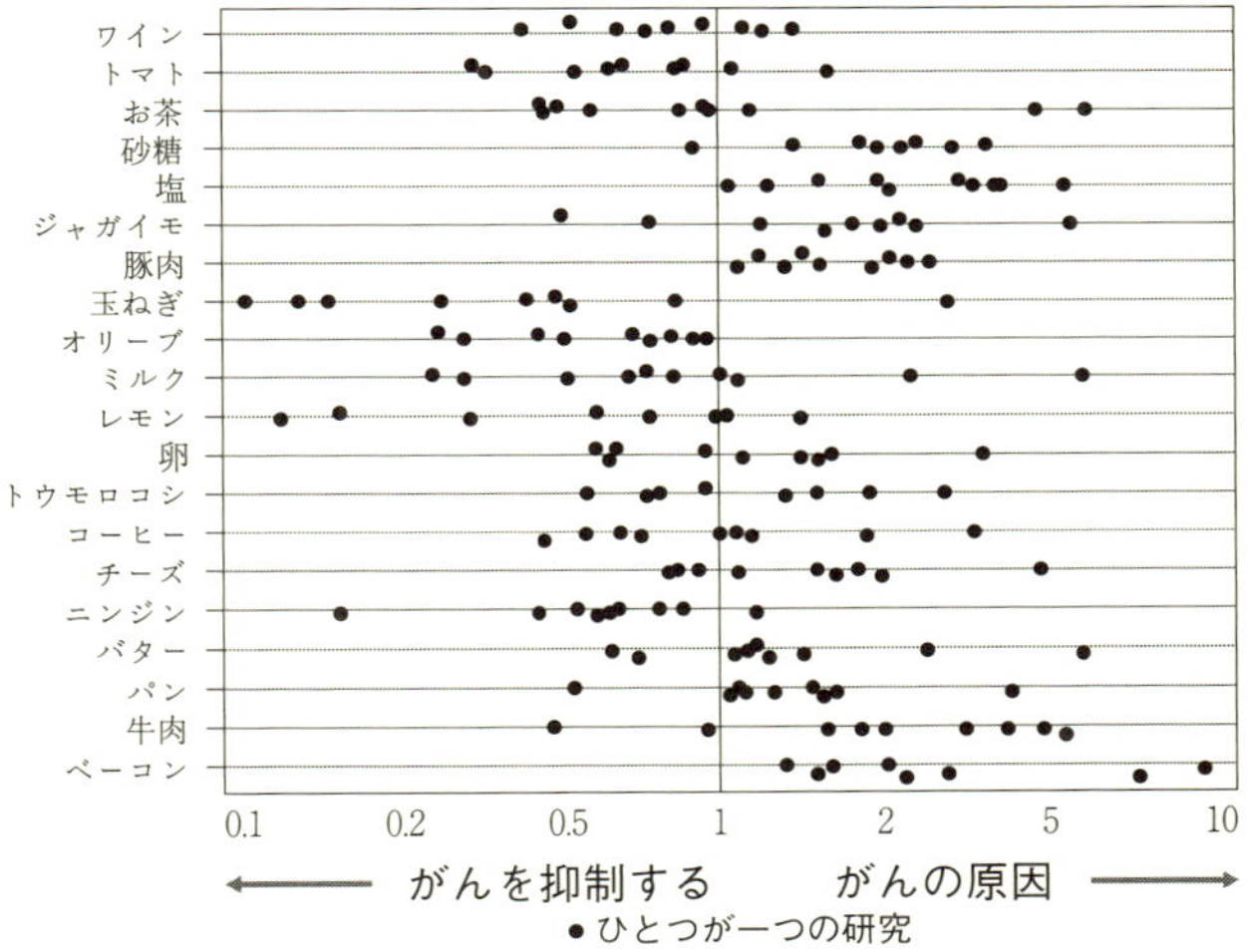

つまり恣意的に都合のいい論文を選べば、なんでも言えてしまうのです。たった一つの論文で発がん性の因果関係を説明できることはまずない、ということがわかっていただけると思います。

④「伝統薬・漢方薬だから安全」とはいえない

アリストロキア酸は多くの植物に天然に含まれる強力な発がん物質で、現在は公衆衛生上対策の必要な発がん物質の一つとして広く認識されるようになっています。

アリストロキア酸による健康被害が注目されたのは1990年代、ベルギーのブリュッセルでダイエット用サプリメントを使用した女性たちが急性の腎炎になったことがきっかけです。原因と考えられた中国伝統ハーブにちなんで「中国ハーブ腎症」と呼ばれました。

この病気はサプリメントを使用し始めてから比較的早く発症し、進行性で症状が重いためにに原因がわかりやすいものでした。一方、類似の腎機能障害が1920年代からヨーロッパで報告されており、1950年代に発症の多い地方の名前をとって「バルカン腎症」として知られるようになりました。のちにこの地方に自生するアリストロキア酸を含む植物の種が、小麦畑で小麦と一緒に収穫されて食べられることが原因と考えられるようになります。

これは、低濃度のアリストロキア酸に長期間暴露することによる、一定の年齢層の人々に見られる進行の遅い腎疾患です。その後、中国ハーブ腎症とバルカン腎症はアリストロキア酸腎症（AAN）と総称されることになります。そしてAAN患者は時間が経ってから尿路と肝胆道のがんを発症するリスクが高いことも明らかになりました。

中国伝統薬を日常的によく使っていて、アリストロキア酸摂取と末期腎疾患や上部尿路がん、そして肝臓がんとの関連が明確になっているのが台湾です。日本でもそうですが、いわゆる漢方薬は、「西洋薬」（医学や薬学の分野でそういう呼び方はしませんが、代替医療の関係者がそのように呼ぶことがあります）とは違って体質を改善するためにと長期間にわたって使用するよう勧められることがあります。さらに天然物で効果が穏やかなので、安全だとみなされて子どもにも使われます。

いわゆる西洋薬だったら、医師が医薬品を処方したら定期的に効果は出ているか、副作用はないかなどのフォローアップが行われますが、伝統薬の場合漫然と使われ続けてしまいます。結果的に長期にわたり大量に摂取することになり、有害影響が出ていても発見が遅れがちです。

発がん性のようなものは、とりわけ時間が経たないとわからず、伝統薬であるということは何の保証にもなりません。大昔の人はがんになる前に他の病気で亡くなる可能性のほうが高かったでしょう。

台湾では、2003年に中国伝統薬にアリストロキア酸を含む植物の使用を禁止しました。しかしそれまで広く使われていたため、しばらくはがんの増加は続くと思われます。

アリストロキア酸にはDNAを変異させる性質があり、アリストロキア酸が原因となった変異は「アリストロキア酸突然変異シグネチャー」としてがん細胞などから検出することが可能です。この特徴を生かした研究が進められ、東南アジア諸国ではおそらく伝統薬としてのアリストロキア酸を含む植物の使用による肝臓がんが多いことが、2017年に報告されています。

ＡＡＮは日本でも患者が報告されています。２００５年に報告された患者は、約９カ月間の漢方薬の服用で腎障害になり、末期腎不全と診断されて透析になっています。公式には、アリストロキア酸を含む中国伝統薬は中国本土でも使用できないはずですが、いまだにインターネットなどで販売されていることがあります。

ここでアリストロキア酸について紹介したのは、現在問題になっている小林製薬の紅麹を含むサプリメントによる健康被害の原因物質と考えられているプベルル酸と、似ているところがあるためです。

アリストロキア酸も、最初に問題になったのは腎障害でしたが、肝臓がんにも関係する可能性があるとわかってきたのはずっと後になってからです。遺伝毒性の疑われる毒物の健康への影響がたった一つしかないなどということはなく、限られたデータだけで他の有害影響はないと断定することはできません。またプベルル酸の毒性が強かったため、他の物質の影響を探ることをとりあえず後回しにするのは事故対応手順としては正しいですが、だからといってプベルル酸さえなければ安全だという結論にはけっしてなりません。


†「健康食品」についての19のメッセージ

食品安全委員会は2015（平成27）年に、いわゆる健康食品に関する報告書をとりまとめ、19項目のメッセージを発信しました。本書のまとめとして、食品安全委員会のメッセージを掲載しておきましょう。詳しい情報は、食品安全委員会のホームページでも見ることができます。

ここまで読んできたあなたなら、これらのメッセージの意味がよくわかるはずです。

①「食品」でも安全とは限りません。
②「食品」だからたくさん摂っても大丈夫と考えてはいけません。
③同じ食品や食品成分を長く続けて摂った場合の安全性は正確にはわかっていません。
④「健康食品」として販売されているからといって安全ということではありません。
⑤「天然」「自然」「ナチュラル」などのうたい文句は「安全」を連想させますが、科学的には「安全」を意味するものではありません。
⑥「健康食品」として販売されている「無承認無許可医薬品」に注意してください。
⑦通常の食品と異なる形態の「健康食品」に注意してください。
⑧ビタミンやミネラルのサプリメントによる過剰摂取のリスクに注意してください。
⑨「健康食品」は、医薬品並みの品質管理がなされているものではありません。

⑩「健康食品」は、多くの場合が「健康な成人」を対象にしています。高齢者、子ども、妊婦、病気の人が「健康食品」を摂ることには注意が必要です。
⑪病気の人が摂るとかえって病状を悪化させる「健康食品」があります。
⑫治療のため医薬品を服用している場合は「健康食品」を併せて摂ることについて医師・薬剤師のアドバイスを受けてください。
⑬「健康食品」は薬の代わりにはならないので医薬品の服用を止めてはいけません。
⑭ダイエットや筋力増強効果を期待させる食品には、特に注意してください。
⑮「健康寿命の延伸（元気で長生き）」の効果を実証されている食品はありません。
⑯知っていると思っている健康情報は、本当に（科学的に）正しいものですか。情報が確かなものであるかを見極めて、摂るかどうか判断してください。
⑰「健康食品」を摂るかどうかの選択は「わからない中での選択」です。
⑱摂る際には、何を、いつ、どのくらい摂ったかと、効果や体調の変化を記録してください。
⑲「健康食品」を摂っていて体調が悪くなったときには、まずは摂るのを中止し、因果関係を考えてください。

読書案内

最後に参考になるだろう書籍を紹介します。機会があったら、ぜひ読んでみることをお勧めします。出版されてから時間の経っているものも含まれますが、基本的なことはあまり変わっていません。

畝山智香子『「健康食品」のことがよくわかる本』日本評論社、2016年
畝山智香子『食品添加物はなぜ嫌われるのか――食品情報を「正しく」読み解くリテラシー』化学同人、2020年
畝山智香子『ほんとうの「食の安全」を考える――ゼロリスクという幻想』化学同人、2021年
左巻健男『病気になるサプリ――危険な健康食品』幻冬舎、2014年
髙橋久仁子『「食べもの情報」ウソ・ホント――氾濫する情報を正しく読み取る』講談社ブルーバックス、1998年

高橋久仁子『「食べもの神話」の落とし穴――巷にはびこるフードファディズム』講談社ブルーバックス、2003年
高橋久仁子『フードファディズム――メディアに惑わされない食生活』中央法規出版、2007年
高橋久仁子『「健康食品」ウソ・ホント――「効能・効果」の科学的根拠を検証する』講談社ブルーバックス、2016年
ジェイムス・T・マクリガー『ナチュラルミステイク――食品安全の誤解を解く　自然食品、オーガニック食品、植物由来製品はあなたが考えるほど安全ではない理由』林真、森田健監訳、ILSI Japan 食品リスク研究部会訳、国際生命科学研究機構、2021年

あとがき

この本は小林製薬の紅麹製品による健康被害事例を受けて、サプリメントや健康食品について、一般の消費者向けにある程度まとまったわかりやすい解説を提供したいという筑摩書房の加藤峻氏の提案からできたものです。

私は2016年1月に出版した著書『「健康食品」のことがよくわかる本』(日本評論社)で、健康食品をめぐる状況についてはある程度説明しており、その当時の問題意識がほぼ現在でもあてはまると考えていました。そのため、特に目新しい主張はなく、執筆の提案には少々疑問でした。

しかし、新書は単行本よりも幅広い人たちに手軽に手に取ってもらうことを目指すもので、今回の事件で最も情報を必要としている人たちに伝える手段の一つとして価値があるという加藤氏の説明で思いなおしました。

研究者としては何かを書くたびに参考文献の引用や注釈をつけたくなるのですが、読み物としてスムーズに読んでもらうために細かい注釈はあまりないほうがいい、といったことを加藤氏から指導していただきながら、なんとか書きました。引用文献などが必要な人向けには、参考となる書籍を巻末に紹介させていただきました。

またせっかくこの時期に本を出すことになったので、現時点での紅麹製品による健康被害に関する対応や情報を記録しておこうと考えました。そのため第一章は細かい状況についての記述が多く、少し冗長に感じられる部分があるかもしれません。

この事例は原因物質の性質がまだ不明で、解明には時間を要すると考えられ、解明が進んだときには初期の状況があいまいになっているだろうと予想されます。あとから事件を振り返って教訓を引き出すためには、いろいろな形で記録を残しておくことが役に立ちます。

一般の人にとってはあまり興味がないことも多いかもしれませんが、そうした理由によりますので、読みづらいところは飛ばしていただければと思います。

わかりやすい、読みやすい本にしたいという目論見が成功したかどうかは、読者の皆さまの判断を仰ぐことになります。願わくは、読んだことで少しでも健康食品をめぐる問題の見通しが明るくなって、適切な選択ができるようになることに貢献できますように。

2024年11月

畝山智香子

参考資料

第一章

厚生労働省ホームページ「健康被害情報」
https://www.mhlw.go.jp/stf/seisakunitsuite/bunya/kenkou_iryou/shokuhin/daietto/index.html

小林製薬の紅麹配合食品にかかる大阪市食中毒対策本部調査班「健康被害事例の疫学調査結果（令和6年8月30日時点のとりまとめ）」
https://www.city.osaka.lg.jp/templates/chonaikaigi2/cmsfiles/contents/0000636/636409/daigokai_taisakuhonnbukaigisiryou.pdf

第二章

独立行政法人医薬品医療機器総合機構ホームページ「医療用医薬品の添付文書情報」
https://www.info.pmda.go.jp/psearch/html/menu_tenpu_base.html

第三章

アメリカ食品医薬品局（FDA）ホームページ What's New in Dietary Supplements
https://www.fda.gov/food/dietary-supplements/whats-new-dietary-supplements

ダイエタリーサプリメントオフィス（ODS）ホームページ Dietary Supplements: What You Need to Know
https://ods.od.nih.gov/factsheets/WYNTK-Consumer/

アメリカ食品医薬品局（FDA）ホームページ Qualified Health Claims: Letters of Enforcement Discretion
https://www.fda.gov/food/nutrition-food-labeling-and-critical-foods/qualified-health-claims-letters-enforcement-discretion

欧州委員会（European Commission）ホームページ Food and Feed Information Portal Database: Health Claims

https://ec.europa.eu/food/food-feed-portal/screen/health-claims/eu-register

第四章

アメリカ食品医薬品局（FDA）ホームページ What's New in Dietary Supplements
https://www.fda.gov/food/dietary-supplements/whats-new-dietary-supplements

アメリカ食品医薬品局（FDA）ホームページ Qualified Health Claims: Letters of Enforcement Discretion
https://www.fda.gov/food/nutrition-food-labeling-and-critical-foods/qualified-health-claims-letters-enforcement-discretion

欧州委員会（European Commission）ホームページ Food and Feed Information Portal Database: Health Claims
https://ec.europa.eu/food/food-feed-portal/screen/health-claims/eu-register

カナダ保健省（Health Canada）Licensed Natural Health Products Database（LNHPD）
https://www.canada.ca/en/health-canada/services/drugs-health-products/natural-non-prescription/applications-submissions/product-licensing/licensed-natural-health-products-database.html

欧州委員会（European Commission）ホームページ Food and Feed Information Portal Database: EU Novel Food status Catalogue
https://ec.europa.eu/food/food-feed-portal/screen/novel-food-catalogue/search

オーストラリア・ニュージーランド食品基準庁ホームページ Record of views formed in response to inquiries
https://www.foodstandards.gov.au/sites/default/files/2024-08/Record%20of%20Views%20updated%20August%202024.pdf

第六章

アメリカ予防医学専門委員会（USPSTF）ホームページ Vitamin, Mineral, and Multivitamin Supplementation to Prevent Cardiovascu-

lar Disease and Cancer: US Preventive Services Task Force Recommendation Statement
https://jamanetwork.com/journals/jama/fullarticle/2793446
食品安全委員会ホームページ「「健康食品」に関する情報」
https://www.fsc.go.jp/osirase/kenkosyokuhin.html
*本文掲載順。ウェブサイトはいずれも 2024 年 10 月 10 日最終閲覧

ちくま新書
1837

サプリメントの不《ふ》都《つ》合《ごう》な真《しん》実《じつ》

二〇二五年一月一〇日　第一刷発行

著　者　畝山智香子（うねやま・ちかこ）

発行者　増田健史
発行所　株式会社 筑摩書房
東京都台東区蔵前二-五-三　郵便番号一一一-八七五五
電話番号〇三-五六八七-二六〇一（代表）
装幀者　間村俊一
印刷・製本　株式会社 精興社

ISBN978-4-480-07666-3 C0240

982
「リスク」の食べ方
――食の安全・安心を考える
岩田健太郎
この食品で健康になれる！　危険だから食べるのを禁止する？　そんなに単純に食べ物の良い悪いは決められない。食品不安社会・日本で冷静に考えるための一冊。

1109
食べ物のことはからだに訊け！
――健康情報にだまされるな
岩田健太郎
○○を食べなければ病気にならない！　似たような話はたくさんあるけど、それって本当に体によいの？　巷にあふれる怪しい健康情報を医学の見地から一刀両断。

1723
健康寿命をのばす食べ物の科学
佐藤隆一郎
健康食品では病気は治せない？　代謝のメカニズムから、丈夫な骨や筋肉のしくみ、本当に必要不可欠な栄養素まで。健康に長生きするために知っておきたい食の科学。

1661
リスクを考える
――「専門家まかせ」からの脱却
吉川肇子
なぜ危機を伝える言葉は人々に響かず、平静を呼びかけるメッセージがかえって混乱を招くのか。コミュニケーションの視点からリスクと共に生きるすべを提示する。

1447
長生きの方法　○と×
米山公啓
高齢者が血圧を下げても意味がない？　体にいいものを食べてもムダ？　自由で幸せな老後を生きるために知っておきたい、人生100年時代の医療との付き合い方。

726
40歳からの肉体改造
――頑張らないトレーニング
有吉与志恵
肥満、腰痛、肩こり、関節痛。ストレスで胃が痛む。そろそろ生活習慣病も心配。でも忙しくて運動する時間はない……。それなら効果抜群のこの方法を、どうぞ！

1532
医者は患者の何をみているか
――プロ診断医の思考
國松淳和
プロ診断医は全体をみながら細部をみて、病気の起きている理屈を考え、自在に思考を巡らせている。病態把握のために「みえないものをみる」、究極の診断とは？

ちくま新書

1584
認知症そのままでいい
上田諭

「本人の思い」を大切にしていますか？ 治らなくていい、と知れば周囲も楽になれる。身構えずに受け入れるためのヒントを、認知症の専門医がアドバイスします。

1208
長生きしても報われない社会
――在宅医療・介護の真実
山岡淳一郎

長期介護の苦痛、看取りの場の不在、増え続ける認知症……。多死時代を迎える日本において、経済を優先して人間をないがしろにする医療と介護に未来はあるのか？

1663
間違いだらけの風邪診療
――その薬、本当に効果がありますか？
永田理希

鼻・のど・咳・発熱などの不調が出た時、病院に行きますか？ どんな薬を飲みますか？ 昔の常識は今の非常識。敏腕開業医が診断と治療法のリアルを解説します。

1701
ルポ 副反応疑い死
――ワクチン政策と薬害を問いなおす
山岡淳一郎

新型コロナワクチン接種後の死亡者は1900人に迫る。補償救済制度が存在するも驚くほど因果関係が認められない。遺族、解剖医、厚労省等に取材し真実に迫る。

1766
レビー小体型認知症とは何か
――患者と医師が語りつくしてわかったこと
樋口直美
内門大丈

どんな症状の時に疑うべきか、治療や薬で気をつけることは何か、アルツハイマー病など他の認知症との違い、日常の工夫など、患者自身と専門医が語りつくした。

1140
がん幹細胞の謎にせまる
――新時代の先端がん治療へ
山崎裕人

人類最大の敵であるがん。iPS細胞に代表される進歩著しい幹細胞研究。両者が出会うことでうまれた「がん幹細胞理論」とは何か。これから治療はどう変わるか。

1778
70歳までに脳とからだを健康にする科学
石浦章一

健康で長寿になれる正しい方法を生命科学の最新知見に基づき解説します。タンパク質、認知症、筋力、驚きの最新脳科学、難病の治療……科学でナットクの新常識！

ちくま新書

1500 マンガ 認知症　ニコ・ニコルソン　佐藤眞一
「お金を盗られた」と言うのはなぜ？　突然怒りはじめるのはどうして？　認知症の人の心の中をマンガで解説。読めば心がラクになる、現代人の必読書！

1814 マンガ 認知症【施設介護編】　ニコ・ニコルソン　佐藤眞一　小島美里
認知症の人に向いた施設って？　入居したら進行が早まるってホント？　職員さんとどう話せばいいの？　認知症の施設介護の不安を、介護のプロが吹き飛ばす！

1256 まんが 人体の不思議　茨木保
本当にマンガです！　知っているようで知らない私たちの「からだ」の仕組みをわかりやすく解説する。病院での専門用語でとまどっても、これを読めば安心できる。

1592 リンパのふしぎ　――未病の仕組みを解き明かす　大橋俊夫
全身の血管と細胞のすき間を満たし流れるリンパは、病気を未然に防ぐからだの仕組みに直結している。免疫力、癌治療、水分摂取……研究の最新情報を豊富に紹介。

998 医療幻想　――「思い込み」が患者を殺す　久坂部羊
点滴は血を薄めるだけ、消毒は傷の治りを遅くする、抗がん剤ではがんは治らない……。日本医療を覆う、根拠のない幻想の実態に迫る！

1333-4 薬物依存症【シリーズ ケアを考える】　松本俊彦
さまざまな先入観をもって語られてきた「薬物依存症」。第一人者が、その誤解をとき、よりよい治療・回復支援方法を紹介。医療や社会のあるべき姿をも考察する一冊。

1333-6 長寿時代の医療・ケア　――エンドオブライフの論理と倫理【シリーズ ケアを考える】　会田薫子
超高齢化社会におけるケアの役割とは？　介護現場を丹念に調査し、医者、家族、患者の苦悩をすくいあげ、人生の最終段階における医療のあり方を示す。